人机交互概论

——从理论到应用

程时伟　编著

ZHEJIANG UNIVERSITY PRESS
浙江大学出版社

前　言

近年来，从 iPhone 智能手机到谷歌眼镜，从机器人到人工智能，各种 IT 新技术、新应用层出不穷，而支持这些技术和应用能够真正服务消费者，实现产业落地的关键因素之一就是实现自然和谐的人机交互，提高相关产品和服务的可用性、用户体验水平。因此，人机交互不仅受到了产业界的广泛关注，也激发了广大学生了解和学习人机交互相关知识、技能的热情。

然而，人机交互方面相关的书籍，特别是教材，却远远不能满足实际需求。国外人机交互相关专业、课程开设的历史相对较长，已经出版了不少教材。这些教材内容较为丰富、知识体系相对完备。但是，由于人机交互涉及计算机科学、设计和社会科学等多方面，教材内容也往往过于庞杂。国外，特别是欧美国家，由于在通识教育体系的作用下，学习人机交互课程的学生，往往在先修课程中已经初步掌握了设计、心理学、统计学等方面的相关知识，所以在人机交互课程的学习过程中，对于庞杂的教材内容尚能有效地理解和吸收。而反观中国，由于过于强调专业特色，先修课程涉及的知识面较窄，学生基础相对薄弱，因此往往难以在有限的课时内充分掌握这些国外引进教材的教学内容。另外，更因为语言障碍问题，国外引进教材也存在不少的翻译错误，给国内学生学习造成了很大困难。此外，国内高校至今还没有独立开设人机交互专业，相关课程开设的历史也较短，自编教材数量偏少，知识体系也尚不完备。这些教材中，有些偏重理论研究，科研味道过浓，而一些基本概念和方法却没有得到清晰的讲解，导致学生难于理解和消化；有些过于偏重应用，浮于表面，过多地罗列一些简单案例，导致学生无法掌握核心方法和技术，对相应的基础概念缺乏了解，无法建立一个完整的知识体系。

在这种情况下，笔者结合这些年来在人机交互课程中的教学经历，特别是 2012—2014 年到国际顶级的人机交互研究机构——美国卡内基梅隆大学人机交互所（Human-Computer Interation Institute，HCII）的访学和科研体会，针对国内学生的特点，在原有课程讲义的基础上，用通俗易懂、图文并茂的形式编写了本书。本书作为讲述人机交互基本理论、方法和相关应用技术的教材，围绕人机交互的基本理论模型、交互范式、交互设计与用户界面设计应用实践展开，注重理论与实践的结合。加强概念设计、原型制作、方案评估等交互设计不同阶段的实践案例解析与训练，帮助学生设计出更加人性化、更高效、更有效、易学易用的人机交互系统，提升学生的创造力和工程技能。针对人机交互领域飞速发展的新型交互设备、交互理念进行介绍，侧重技术讲解，配备大量丰富的实例。本书可以作为计算机科学与技术、软件工程、数字媒体等专业本科生、研究生的课程教材，也可以作为从事用户界面设计、交互设计、用户体验等相关行业技术人员的参考书。

本书共分八章。前三章主要介绍相关理论与方法：第1章介绍人机交互基础理论、发展历程，以及相关模型；第2章介绍用户模型、用户研究方法和评估方法；第3章介绍交互设计基础、概念设计方法，以及原型系统制作方法、技术和工具。后五章主要介绍相关应用技术和实践案例：第4章介绍移动设备交互技术和应用，重点介绍手机用户界面设计方法和案例；第5章介绍虚拟现实与增强现实交互技术的发展历程、现状，关键技术基础和应用案例；第6章介绍体感和手势交互的关键技术和应用领域，重点介绍了主流的开发工具和应用平台；第7章介绍了眼动跟踪交互的关键技术和应用案例；第8章介绍了脑电数据分析方法、脑机交互的基本原理，以及在脑机交互人机交互中的具体应用。此外，为了便于学生对全书内容的理解、复习和应用，还设计了各章的思考题，并附上参考文献列表，方便学生课后查阅相关文献资料，拓展知识视野。

本书是浙江工业大学计算机科学与技术学院人机交互课题组全体师生共同努力的成果。其中全文由程时伟执笔，魏千景、朱安杰、沈晓权、张章伟、周桃春、胡屹凛等学生承担了大部分的绘图、排版等编辑工作和部分文字整理工作。浙江大学出版社的许佳颖、吴昌雷编辑也在本书的编写过程中给予了热情的帮助与指导。

本书部分内容得到了国家重点研发计划课题（2016YFB1001403）、国家自然科学基金课题（61272308）和浙江省自然科学基金课题（LY15F020030）的资助。

本书由程时伟统稿和修改。由于时间仓促，编者水平有限，书中欠妥和纰漏之处在所难免，恳请读者和同行不吝批评、指正。

编者

程时伟

2017 年 5 月

目　录

第 *1* 章

人机交互基础理论

1.1 概述

人机交互(Human-Computer Interaction，HCI)是计算机科学中最年轻的分支学科之一。人机交互从研究用户开始，通过分析用户的生理、心理特征，研究用户的使用习惯，解决人机交互过程中遇到的实际问题。人机交互是一个跨学科交叉领域，主要包括计算机科学和认知心理学两大科学的相关理论和方法，并涉及当前许多热门的计算机技术，如软件工程、人工智能、自然语言处理、多媒体系统等，同时也吸收了语言学、人机工程学和社会学的研究成果，是一门交叉性、前沿性、综合性强的学科。

1.1.1 人机交互的定义

人机交互可定义为：人利用输入输出装置与计算机对话以完成某项任务的方式[1]。人机交互研究如何把计算机技术和人联系起来，使计算机技术最大程度的人性化。要做到这一点，就必须考虑，认知心理学、审美心理学与行为学等方面的因素，在用户界面设计实践中，充分运用人们容易理解与记忆的图形(具象图形与抽象图形)与少量文字，以及运用色彩，静止的画面与运动的画面等，使人在操作计算机及计算机向人显示其工作状态的交互关系中，达到最大的方便与效率。也就是说，用户界面设计必须在视觉、听觉等通道，通过比喻、表达、认识、声音、运动、图像和文字等传递信息。因而就必须动员设计师、心理学家、软件工程师等开展表面上貌似简单，实则复杂、深刻、系统的设计与开发工作。人机交互和用户界面设计的原则，不是训练每一个人都成为操作计算机的专家，而是赋予计算机软件系统尽可能多的人性。正如莫尔恩·考第尔所说的："交流的责任被决定性的赋予计算机而不是人类，不是用户必须去学习计算机提供的界面，而是计算机必须满足用户的偏好"[2]。

人机交互的目的是使人与计算机系统之间的信息交换方式更科学、更合理、更为人性化，使信息的传递更可靠、更能减轻人的生理与心理负担。因此，应用人机工程学、心理学等学科的研究成果和研究方法,在人机对话中创造最为和谐的关系。人机交互需要充分考虑用户界面问题,从研究系统的输入设备、输出设备着手,系统性地分析用户在使用计算机的过程中所遇到的问题。通过对键盘、鼠标、屏幕等传统输入输出设备的改进,以及对手写板、语音输入等新方式的引入,彻底解决人机交互的实用性问题,提高人机交互的效率。

1.1.2 人机交互的三要素

一个人机交互系统,要能很好地实现计算机与用户之间的人机交互,通常要考虑到三个元素:人、交互设备及实现人机对话的交互软件,如图1.1所示。

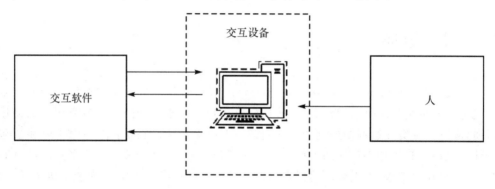

图 1.1 人机交互系统要素构成示意

1. 人

人的因素是交互计算机系统的物质基础,与用户的各种特征有关。首先,人有许多弱点,操作时会经常出错;其次,用户对计算机知识掌握的程度不尽相同;再次,由于用户的年龄、文化层次、工作经历及职业的不同,对操作使用的要求也各不相同。而人机交互的最终目标是让任何用户都可以便捷地进行操作,因此在设计交互计算机系统时,必须把满足用户的使用要求作为重要依据。

2. 交互设备

人机交互系统的应用十分广泛,交互设备构成了人机对话的基础,没有这些设备就无法让计算机了解用户的意图。人们通过各种交互设备向系统输入各种命令、数据、图形、图像、声音等信息。交互设备又向用户输出处理结果以及提示、出错等信息。人和计算机之间最自然的交流方式应该与人们相互之间的交流方式一样。对于输入来说,可以通过说话、手写或绘图等方式实现;而对于输出来说,最易理解的是自然语言形式,包括各种文字材料的阅读、语音的收听、图形图像的观看等。人机交互的输入输出设备通常可分三类:文本输入输出设备,图形和图像输入输出设备,以及其他输入输出设备,例如声音、触感及专用输入输出设备。

3. 交互软件

交互软件是人机交互系统的核心,它向用户提供各种交互功能,以满足系统预定的要求。交互是软件的一种使用方式,交互软件和其他所有软件一样可分为系统软件和应用软件,在用户和计算机通信方式上都是采用人机对话方式。

1.1.3 人机交互的发展历程

人机交互随着科技的不断发展而发展,自从计算机出现以来,人机交互技术经历了巨大的变化。主要包括以下几个发展阶段[18]:

在计算机发展早期,人与计算机之间的交互很难实现,通常采用非交互的批处理方式。通过穿孔卡片或纸带输入设备输入程序代码与数据,而控制面板上的指示灯则显示寄存器内容,调试时需要用许多开关去控制,这种方法只能用二进制的机器语言编程。

20 世纪 50 年代中期至 60 年代,文本用户界面出现了。人们可以用汇编语言、高级程序设计语言来编程,并用作业控制语言进行操作,因此也称为命令行界面。之后又出现了交互终端,如键盘、单色显示器、光笔等。命令语言与功能键是文本用户界面主要的输入方式,它们的表达功能强。但是由于记忆操作命令所产生的负荷较重,用户难免会出错,所以这种交互方式仍然存在着很大的不便。

20 世纪 70 年代后期,诞生了图形用户界面(Graphic User Interface,GUI)。随之而来的图形化多窗口系统也受到了用户的普遍欢迎。GUI 中主要的用户界面范式是 WMIP:即窗口(window)、菜单(menu)、图标(icon)和定位器(positioner)。图形界面比文本界面更加直观,理解时不受语言限制。

20 世纪 80 年代以来,多媒体与超媒体蓬勃发展,计算机的输出形式不再限于单一的文本,而由文本、图形、图像、声音等多种媒体集成。它提高了计算机到人的通讯带宽,有利于人同时处理多任务,还使视觉缺陷者也能使用计算机。

近年来,由于传统的计算机系统所支持的输入手段相对较少,多通道人机交互和用户界面开始逐渐得到重视。多通道、多媒体的智能人机交互是真正人机交互的开始。让人的多种感觉通道与运动器官参与到人机交互中,以连续的自然语言、手的各种动作与姿势等多种表达模态与系统进行交互。多通道用户界面融合这些不同输入通道,提供一种集成而灵活的交互方式。在传统的计算机交互方式中,人虽然也可以通过屏幕窗口与虚拟环境进行交互并改变窗口中的内容,但虚拟环境仍旧在计算机环境中,而人则在计算机环境之外。虚拟现实(Virtual Reality,VR)通过生成一个逼真的视、听、嗅、触觉等仿真环境,使使用者置于计算信息环境的包围之中,成为内部参与者,产生身临其境的感觉。

综上所述,随着新技术的不断出现,尤其是互联网、移动通信等技术的普及,人机交互经过多年的发展，正逐渐成为一个热门的应用领域。当前，不仅要考虑成本、速度、灵活性、可靠性，而且要考虑如何使所设计与开发的计算机系统满足用户的个性化需要。从计算机技术的发展过程来看，人机交互还引导了相关软硬件技术的发展，是新一代计算机系统取得成功的保证。

1.2　交互模型

交互模型是对用户界面构成元素之间的关系予以描述的模型，它将用户界面所需的功能和对象有机地结合在一起，形成用户界面的基本框架。下面对人机交互领域常见的交互模型进行详细阐述。

1.2.1　菲茨定律

保罗·菲茨在 1954 年提出"菲茨定律"，预测从任意一点到目标中心位置所需要的时间。菲茨定律考虑初始位置离目标的距离和目标区域的大小：首先是从初始位置大幅度地移向目标区域方向，其次是通过细微调整来精确定位到目标上。Ashley Towers 阐述了菲茨定律在人机交互领域的主要应用：(1)大的目标区域可以减少精细调节的频次，而目标区域越小，用户快速点击目标则会更加困难。(2)对于同样大小的目标来说，初始位置距离越近，到达目标所需的初始动作幅度就越小，所以准确点击目标的难度也较低。(3)还有一种精确点击目标的方法，就是设置一道隐形的边界来阻止用户的大幅度移动，将按钮设置在屏幕边缘或角落使其"无限大"，如 Windows 系统的"开始"按钮在屏幕左下角。

根据菲茨定律，从起点移动到被指点目标的运动时间（Movement Time，设为 MT）与该指点任务的难度之间存在线性关系。其中，指点任务的难度由难度系数（Index of Difficulty，设为 ID）来量化，其值与指点运动的距离（Distance，设为 D）和被指点目标在指点运动方向上的宽度（Width，设为 W）的倒数相关。菲茨定律最初的数学公式表达式如下所示[3]：

$$\begin{cases} MT = a + b \times ID \\ ID = \log_2\left(\dfrac{2D}{W}\right) \end{cases} \tag{1}$$

其中，a 和 b 是对实验数据进行线性回归分析得到的经验系数，其值与具体的指点技术的物理特性、操作人员和实验环境等多种因素有关。运动时间 MT 的单位通常为秒或者毫秒，难度系数 ID 的单位为比特（bit），指点运动距离 D 的单位通常为毫米或者像素，目标宽度 W 的单位同样通常为毫米或者像素。由公式(1)可知，指点运动的距离越短，被指点目标的宽度越宽，该指点任务对应的难度系数的数值就越小（即该任务的难度越小），完成该任务所需的时间也就越短；反之亦然。

为了进一步提高实验数据与模型之间的拟合优度，研究人员在随后的研究中对难度系数的计算表达式不断修正,提出了菲茨定律表达式的多种变体。其中,使用最广泛、影响最大的是 Welford 等人[4]提出的 Welford 表达式(2)和 Mackenzie 提出的香农表达式(3)[5]:

$$MT = a + b\log_2\left(\frac{D}{W} + 0.5\right) \tag{2}$$

$$MT = a + b\log_2\left(\frac{D}{W} + 1\right) \tag{3}$$

其中,香农表达式具有三个优点,即可以得到更好的拟合优度,难度系数永为非负值,与香农公式的数学表达形式一致,因此成为目前人机交互"指点"操作绩效研究中最常用的菲茨定律表达式。

如图 1.2 所示,用户的当前位置和目标位置相距越远,用户就需要越多的时间来移动;同时,目标的大小又会限制用户移动的速度,因为如果移动得太快,到达目标时就会停不住,因此用户不得不根据目标的大小提前减速,这就会减缓到达目标的速度,延长到达目标的时间。目标越小,就需要越早减速,从而花费的时间就越多。

图 1.2　菲茨定律示意

菲茨定律在人机交互领域中主要应用在以下三个方面:(1)利用菲茨定律对指点、拖动等用户操作建立运动模型,用于预测用户完成相应操作的时间;(2)通过菲茨定律模型的相关参数计算绩效指数,评价指点技术的用户操作绩效;(3)在设计指点任务实验时,计算各种实验条件(如距离—宽度组合)下的难度系数 ID,确保被试在实验中完成一系列具有不同难度系数的实验任务。

通过下面的例子进一步解释菲茨定律。图 1.3 中的盒子代表目标;虚线代表从起点至目标的移动轨迹,目标上灰色左右箭头之间的范围是用户光标减速并微调以弥补误差的区域。图 1.3(a)中,在右方有一个较大的目标,因为面积很大,所以用户可以很容易地从任意点快速移动到目标点处,而且大的目标区域意味着光标在目标上停下来之前不需要做太精细的调整。如果右方是一个小得多的目标,如图 1.3(b)所示,那么用户快速点击目标会困难得多,因为用户需要将光标移动较长距离,而且由于目标面积很小,所以在光标正确地对准目标前需要做一系列精细的调整动作。对于有同样大小的目标,如图 1.3(b)和(c)所示,距离很近的话,因为到达目标范围所需的初始动作很小,所以准确点击目标的难度也会小很多。同时,距离越近,初始动作因为幅度太大而超出目标区域的风险就越小。对于形状不规则的目标而言,目标区域的大小和移动的方向是相对的。在图 1.3(d)中,如果用户从和目标平行的位置水平移动光标,那么相对的目标区域就很大。但如果用户光标的初始位置在目标的上方或下方,那么相对的目标区域则小得多。

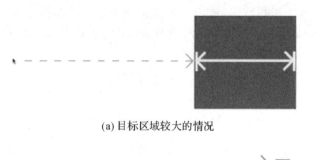

(a) 目标区域较大的情况

(b) 目标区域较小的情况

(c) 距离较近的情况

(d) 目标区域相对较小的情况

图 1.3　菲茨定律应用场景示例

菲茨定律在两大主流的操作系统软件中都得到了很好的应用：Mac OS X 默认将底栏（Dock）放到了屏幕的最下方，这样底栏就变得"无限可选中"，因为用户不能将光标移到底栏下方，所以在向底栏方向做出大幅度移动后光标始终是落在底栏上的，如图1.4(a)所示。在 Windows 中，开始菜单在屏幕的左下角，这个角落也是"无限可选中"

(a) Mac OS X 系统程序菜单设置

(b) Windows 系统程序菜单设置

图 1.4　两种系统程序菜单设置

的,因为不管用户朝左下角方向做多大幅度的摆动,光标总是会停在开始菜单按钮的上方,如图1.4(b)所示。

Mac OS X系统和Windows系统的一个最大不同之处便是程序菜单的位置。Mac OS X将菜单置于屏幕的顶端,而Windows将它们放置在单独的应用程序窗口上。根据菲茨定律分析,在许多情况下,Mac的做法是更好的:在Mac OS X中,用户不论如何将光标抛向屏幕顶端,其总是会停在菜单上;而在Windows中的窗口模式下,应用程序菜单则没有如Mac中的"无限可选中"的属性。但是,Mac的做法也具有一定局域性。虽然Mac OS X下的程序菜单是"无限可选中"的,但不要忘了菲茨定律也考虑到了用户当前定位点与目标的相对距离。随着显示器尺寸越来越大,双/多屏显示器的配置越来越常见,Mac的用户不得不在这些情况下移动很长的距离来让光标到达主屏幕的顶端菜单,这种长距离移动光标所耗费的时间可能会超出不用做细微调整来矫正光标位置而省下的时间。

1.2.2　GOMS模型

GOMS模型是由卡德(Card)等人在1983年提出来的。GOMS是交互系统中用于分析用户复杂性的建模技术,主要用于建立用户行为模型。它描述任务和用户执行该任务所需知识的方法,通过目标(Goal)、操作(Operation)、方法(Method)以及选择规则(Selection Rule)四个方面进行描述,长期以来一直是人机交互领域最重要的模型之一[6]。

(1)"目标"指的是用户要达到什么目的。如在网页中查找某项内容。

(2)"操作"指的是为了达到目标而使用的认知过程和物理行为,即用户为了达到某个目标而触发的一系列行为。如先选择搜索引擎,再思考关键字,然后在搜索引擎中输入关键字。

(3)"方法"是指目标和操作经仔细设计后得出的序列,是为了达到目标而采用的具体步骤。如使用鼠标单击输入域,输入关键字,再单击"查找"按钮。

(4)"选择规则"用于选择具体方法,适用于任务的某个阶段存在多种方法的情形。例如,在搜索引擎的输入域中输入了关键字之后,用户可以选择单击"返回"按钮,或者单击"查找"按钮,这就要用到选择规则。

GOMS任务分析模型倡导开发人员,如程序员、设计师,去接触真实的用户,采用类似用户访谈的方式去直接面对用户,去了解用户是如何去分解任务的,如何选择达到目标的操作方法的。选择方法和规则的起点就是有效地识别用户的目标。不过认知心理学的一些历史经验告诉我们,用户在很多情况下只能很有限地识别自己的目标、策略和心理过程,所以不能简单地依靠用户告诉了开发人员什么,还需要结合自然观察法等方式,进行有效的弥补[7]。

1.2.3 任务分析

前面章节提及 GOMS 模型倡导开发人员要去接触真实的用户，任务分析的数据是通过各种用户实验收集的。在任务分析和收集数据时，只有注意到全面性和具体性，才能有效地利用各种任务分析工具，为设计提供指导。海克斯（Hackos）和莱迪西（Redish）在《User and Task Analysis for Interface Design》中指出了任务分析实验中应该注意的几个方面[8]：

- 用户行为的目的是什么？他们要得到什么结果？
- 为得到结果，用户实际上是如何做的？具体步骤是什么？
- 用户在行动过程中反映出哪些个人、社会和文化的特征？
- 周围环境如何影响用户的行为方式？
- 用户的知识和经验如何影响用户的行为方式？

到目前为止，人机交互领域所应用的任务分析和建模方法很多，有定性研究和定量研究之分，本书选择了一些典型的、具有代表意义的方法，从任务描述形式和描述能力等方面进行简要的介绍。

1. 层次任务分析法

层次任务分析法[9]（Hierarchical Task Analysis，HTA）是最早的任务描述技术，后来许多任务分析方法的思想都来源于它。为了强调任务模型的共享性和可复用性，任务模型常常以任务本体，即元模型的形式出现，它包含了任务模型的概念元素以及它们之间的关系。HTA 模型中所描述的任务之间的时序关系是在计划中预先设计好的，包括顺序、选择和循环等。

HTA 元模型使用以下几个概念元素来描述任务世界：

（1）目标（goal），是指完成任务后，用户希望系统呈现的状态；

（2）任务（task），是为了完成目标而执行的操作序列集合；

（3）计划（plan），是指为了完成某个目标而预先设计好的子任务的执行条件和执行序列；

（4）操作（operation），是为了达到目标所做的具体活动。

2. 任务知识结构法

任务知识结构法[10]（Task Knowledge Structure，TKS）是指储存在一个人记忆当中，有关一个特定任务的知识概念的表示。在 TKS 模型中，任务之间的时序关系通过构造器中的符号和语义来表示，可以表示的任务关系有顺序、选择和循环关系。

TKS 元模型使用以下几个概念元素来描述任务世界：

（1）角色（role），被定义为特定的一个任务集合，这个任务集合在特定的社会情境中充当个体职责的一部分，由个体来负责，一个个体可以承担多个角色，或者一个角色可以由多个个体来承担；

（2）目标（goal），当一个特定的任务执行后，用户希望系统所呈现的状态；

（3）计划（plan），为了完成一个特定的目标而设定的可能出现的子任务的序列；

（4）过程（procedure），是一个特殊的行为元素，是子任务的一部分，子任务中的多个过程根据不同的使用情况可以有不同的分组和顺序，TKS模型通过这种方式来表示策略，为了使过程能够在合适的情境下选择出正确的分组，在过程中需要包含选择条件和选择规则；

（5）行为（action）和对象（object），是任务分解的底层结构，是组成过程的成分。

3. 方法分析描述法

方法分析描述[11]（Method Analysis Description，MAD）模型与HTA模型相似，但在概念元素中没有计划元素，而多加了表示任务关系的构造器的概念。

MAD模型使用以下几个概念元素来描述任务世界：

（1）任务（task），为了达到目标而执行的行为序列集合，在MAD模型中，一个任务有很多属性，如名称、目标等；

（2）行为（action），是指由系统或操作者所执行的活动；

（3）对象（object），是指行为操作的具体内容；

（4）构造器（constructor），描述了子任务之间的时序关系。在MAD模型中，构造器中表示的任务关系可以分为两类：同步操作和排序操作。

4. 群件任务分析法

群件任务分析[12]（Groupware Task Analysis，GTA）模型结合了其他的任务分析方法的特点，强调研究一个群体或一个组织而不是单个用户的行为活动。GTA模型使用以下几个概念元素来描述任务世界：

（1）任务（task），GTA模型关注工作动态方面的结构化，它把任务看作基本概念，把目标看作任务的基本属性，任务结构是层次化的，复杂的任务可以根据不同的角色来划分，任务单元或者基本任务可以进一步分解为用户行为和系统操作；

（2）用户行为（action）和系统操作（system operation），是任务分解中的最小单元，位于任务层次的底层；

（3）对象（object），在任务分析中，特定环境下与任务相关的每一件事情都可以定义为对象，它可以是客观存在的事物，也可以是概念性（非物质）的事物，如消息、口令密码等；

（4）事件（event），在特定环境中能够触发任务执行的条件；

（5）代理（agent），通常情况下是指人（个人或者团体），但在信息技术的环境中，代理的执行者不仅仅是人类，也可能是系统或者人类代理和机器代理的结合；

（6）角色（role），继承了TKS模型中的角色概念，是指特定的任务子集，通过选择或者组织形式去划分的操作者的类别，可以通过委托、授权或者在特定的情境下授权得到。当任务被某一事件触发后,它们之间的关系可以表示为选择(or)、平行(and)或顺序(next)的时序关系。

5. 任务树分析法

任务树分析法[13](Concur Task Trees,CTT)模型结合了基于模型的用户界面设计技术和人机交互形式化方法,为任务模型提供了丰富灵活、带有语义的表示符号,CTT 采用层次的树状结构来组织并表示任务。

CTT 模型使用以下几个概念元素来描述任务世界:

(1)任务(task),为了达到用户的目标而组织的一系列活动集合,依据任务的抽象层次和参与角色的不同,CTT 模型将任务分为抽象任务、用户任务、交互任务和系统任务;

(2)行为(action),为了完成任务而进行的一系列操作;

(3)对象(object),是执行任务时行为操作的实体;

(4)角色(role),是指一个特定的任务集合以及集合中任务之间的关系;

(5)构造器(constructor),定义了同一层次的不同子任务之间的关系。

CTT 模型定义了丰富的暂态关系,而且都有相应的图形符号。所谓的暂态关系,是指在任务执行的任意某个时刻,对其子任务之间执行和结束顺序以及相互间依赖关系的一种限定。

1.3 认知基础

认知心理学是研究认知活动的功能、表现、内在结构和心理机制的心理学分支。通俗说来,认知心理学就是探究人的大脑是如何获取、储存以及运用知识的学科。认知心理学的研究范围主要包括注意力、知觉、思维、记忆、问题解决、推理与决策、意识以及行为等方面。认知心理学基于联想主义、行为主义、机能主义以及格式塔心理学等各大学派的研究成果不断地发展和完善,目的在于研究和理解人类认知的内在心理加工活动,从而解释人类的行为。

1.3.1 人类处理器模型

人类处理器模型(Model Human Processor,MHP)是一种预测模型,它使用一组依照操作原则运行的存储器和处理器来表现人类的处理系统。MHP 模型的目的是提供一种描述人类信息处理系统的方法,从而对人类行为做出一般性的预测,其基本结构如图 1.5 所示。

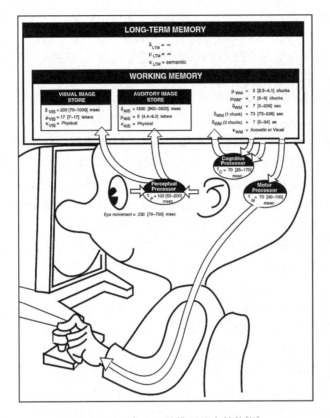

图 1.5　人类处理器模型基本结构[14]

　　人类处理器模型由感知系统、认知系统和运动系统组成。其中：①感知系统是感知器官所接收信息的存储器，常用的感知器官是眼睛和耳朵；②认知系统是人类处理器模型的核心系统，它不仅支持感知系统和运动系统之间的通信机制，也可以作为学习、检索和问题求解等复杂认知过程的处理器；③运动系统针对相应的感知做出反应，常用的运动系统包括臂—手—手指系统和头—眼系统。此外，人类处理器模型将人的记忆分为两种，即工作记忆（Working Memory，WM）和长期记忆（Long-term Memory，LTM）。工作记忆，也可以称为短期记忆，它包含来自长期记忆中被"激活的"元素（亦将称为片语），它的实际内容依赖于用户和用户任务，记忆速度快，但很容易遗忘。长期记忆与短期记忆相反，它的容量非常大，记忆速度比较慢，但不易遗忘。

1.3.2　视觉认知

　　人的视觉在最初认知一个物体时，往往在很短的时间内就可以形成一个相对完整的最初印象，这个最初印象在客观信息的传递下可迅速形成主观判断，主观判断对于人接下来是否接受该事物会产生非常大的影响。对于交互系统而言，第一印象形成的主观判断越清晰且与客观事实越接近，就越可以使用户从心理上产生积极的情绪，顺利地进行下一步认知和操作。如果人的主观判断混沌或产生误差，用户会产生消极的受挫情绪，在接下来的认知过程中会很难纠正这种主观判断并步入正轨，使用户重新正确接受该系统。所以明晰正确地向用户传达系统的第一印象，使之形成正确的主观判断，是通往成功交互的第一步，也是视觉形态认知中的第一要素。

格式塔心理学是同视觉认知联系密切的心理学学派。格式塔是德文"Gestalt"一词的音译，本意是指形式、形状或一种被视觉分离出来的整体。它有两层含义：事物具有特定的形状或者形式；一个实体对知觉所呈现的整体特征，即完形的概念[15]。因此，格式塔心理学可以说是形的心理学。中文一般将格式塔译为完形，称格式塔心理学为完形心理学，这比较符合格式塔心理学的本意。因为格式塔学说认为，人在视知觉过程中，总是会自然而然地有一种追求事物的结构整体性或完形性的特点。当外界客观事物呈现在人的感官面前时，人的内心会有一个格式塔与之对应，当内心的格式塔与客观事物不相符时，格式塔就出现"缺陷"，此时人的内心就表现出弥补自身缺陷的感知倾向，感知的结果使格式塔本身达到完善化或形成良好的"完形"。格式塔学派为心理学的发展做出了巨大的贡献，但最突出的还是它在视知觉领域的研究。知觉问题是格式塔学派早期研究的重点，格式塔心理学的原理也主要是通过研究知觉得到的。正如库尔特·考夫卡所说，"格式塔学说不只是一种知觉的学说，它甚至也不只是一种心理学的理论，然而它却起源于对知觉的研究，并且在已进行的实验工作中，比较成功的部分都是由对知觉进行的研究所提供的。可以说，两者相依相从的关系就在于一方面知觉证实了格式塔学说，另一方面格式塔理论也揭示了知觉的性质和规律"[16]。

格式塔心理学研究的出发点是形，这里所说的形，不是指客体本身的性质，而是经由知觉活动组织成的一个整体。换言之，格式塔心理学认为任何的形都是知觉进行了积极组织或建构的结果或功能，而不是客体本身就有的。格式塔心理学对形的研究结果表明：每个人对形都具有一种与生俱来的组织能力，然而不同的形，由于它的大小、方向、位置等发生变化，就会有不同的组织水平并伴随着不同感受，这种感受是大脑皮层对外界刺激进行积极组织的结果。格式塔学派通过大量实验研究提出了多项知觉组织原则，在考夫卡看来，每一个人，包括儿童和未开化的人，都是依照这些知觉组织原则来观察事物的，主要的组织原则有五条，分别是：接近性原则（proximity）、相似性原则（similarity）、闭合性原则（closure）、对称性原则（symmetry）和连续性原则（continuity）。下面对这些原则做具体说明：

1. 接近性原则

接近性强调位置，以实现统一的整体。正如图1.6所呈现的，当看到10条白色竖线的时候，会更倾向于把它们知觉为5组双竖线，接近的每两条线由于距离很近，会被当成一个整体来感知。接近性是实现整体的最简单和常用的原则。

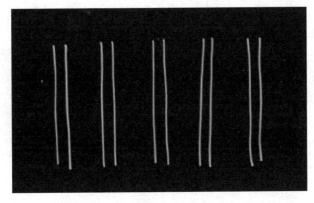

图 1.6　接近性原则示例

2. 相似性原则

人在潜意识里会根据形状、颜色、大小、亮度等视觉特征将相似的事物自动整合成集合或是整体。如图 1.7 所示，左边全是黑点，会让人觉得这些点是一个整体。如果将其中的一些黑点换成灰色的点，人们就会自动将黑色点集合在一起，灰色点集合在一起，它们各自成为一个分组。如此一来，原本单一的整体就被分割成为五个组了。

图 1.7　相似性原则示例

3. 闭合性原则

当事物不完整或者不存在的时候，依然可以被人们所感知。根据以往的经验和视知觉的整体意愿驱使，人们习惯性地将图形作为一个整体去观看，对缺少的形状进行补充，最终形成可感知的图形效果。如图 1.8 所示的例子，即使缺失了一部分，人类大脑会自动补充缺失的部分。设计中，通过让用户去闭合不完整的图形，可以吸引用户的兴趣和关注。最著名的应用便是苹果公司的 logo，咬掉的缺口唤起人们的好奇、疑问，给人以巨大的想象空间。

图 1.8　闭合性原则示例①

4. 对称性原则

对称的多个物体会被当作一个整体进行感知，即使它们之间存在一定距离。对称的设计会给人以稳定、平衡和一致的感觉。形成对称的并不一定是文字结构，也有可能是颜色或者区块性的对称。例如 BlueBuck② 的商标设计，如图 1.9 所示。

图 1.9　对称性原则示例

5. 连续性原则

人们会根据一定规律做视觉、听觉感知上的延伸。如图 1.10 所示的是一些间隔的点，但是人们总会在潜意识里把它们看成是连续的线，这就是连续性原则的具体体现。

图 1.10　连续性原则示例

1.3.3　ACT-R 模型

　　著名的设计心理学家诺曼通过实验发现,用户在使用产品执行任务的过程中,认知鸿沟往往存在于行为的执行阶段和评估阶段,阻碍着用户的交互行为。为了消除用户对产品的认知差异,在设计根源减少或者消除用户的行为和产品操作之间的差异,提高用户与界面交互的流畅度,提出 ACT-R(Adaptive Control of Thought-Rational)模型[17],解释人类认知过程的工作机理。该模型认为,人类的认知过程需要四种不同的模块参与,即目标模块、视觉模块、动作模块和描述性知识模块。ACT-R 模拟人的认知行为架构,试图解释人类如何进行认知加工以及产生行为动作。将任务的知识描述与ACT-R 认知理论相结合,使用计算机对人的认知和行为做出预测,再与实际实验结果相比较,就可以更好地了解人的各种认知过程,包括感知、思考、决策以及行为方式,进而使交互系统能够执行人的各种认知任务,捕获人的感知、思想和行为。ACT-R 的基本工作原理描述如下:

　　与 ACT-R 体系交互行为关联最为紧密的是图 1.11 中所示的模块,主要是从环境中获取信息的视觉模块以及行为输出的运动模块,这两个模块涵盖了生活中大部分的任务行为特征。ACT-R 的工作原理是在 ACT-R 神经生物学理论的基础上,对用户行为更加具体和形象的描述。

　　ACT-R 的模块构成比较简单,通过一个单向闭合的回路来实现信息的加工。各个模块之间通过缓冲来实现与产生式系统的交流,产生式系统的工作机制除了产生式原则之外,还包括从程序性知识中提取的信息,陈述性知识和程序性知识共同参与认知模型。产生式系统通过视觉模块以及运动模块来实现与

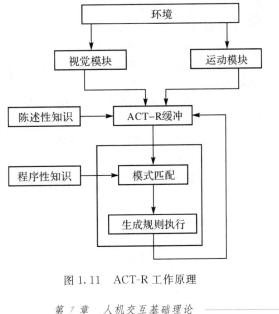

图 1.11　ACT-R 工作原理

外界环境的信息交流。

参考文献

[1] 汤智华. 人—计算机交互工具的人机工程设计[J]. 计算机世界，1994，3(2)：135—137.

[2] 吴瑜. 人机交互设计界面问题研究[D]. 武汉：武汉理工大学，2004.

[3] Fitts P. M. The information capacity of the human motor system in controlling the amplitude of movement [J]. Journal of Experimental Psychology，1954，47(6)：381-391.

[4] Welford A. T. The fundamentals of skills [M]. London：Methuen，1968.

[5] Mackenzie I. S. A note on the information-theoretical basis for Fitts' law [J]. Journal of Motor Behavior，1989，21(3)：323-330.

[6] 汪琼. 人机界面的四种设计方法[J]. 计算机科学，1998.25(4)：37—41.

[7] David K. A guide to GOMS task analysis [J]. Lecture of University of Michigan，1994，25-36.

[8] Hackos J A T，Redish J C. User and task analysis for interface design[J]. IEEE Transactions on Professional Communication，1999，42(3)：188-189.

[9] Annett J. Hierarchical task analysis[J]. Handbook of cognitive task design，2003，2：17-35.

[10] Johnson P，Wilson S，Markopoulos P，et al. Adept：advanced design environment for prototyping with task models[C]//Proceedings of the INTERACT'93 and CHI'93 Conference on Human Factors in Computing Systems. ACM，1993：56.

[11] Scapin D，Pierret-Golbreich C. Towards a method for task description：MAD[J]. Work with display units，1989，89：371-380.

[12] Van M W. Task-based user interface design[D]. Amsterdam：Vrije University，2001.

[13] Mori G，Paternò F，Santoro C. CTTE：support for developing and analyzing task models for interactive system design [J]. IEEE Transactions on software engineering，2002，28(8)：797-813.

[14] Stuart K，Newell，Allen，et al. The psychology of human-computer interaction[J]. American Journal of Psychology，1983，25(25)：98-109.

[15] Koffka K. Principles of gestalt psychology [J]. A Harbinger Book，1936，20(5)：623-628.

[16] Arnheim R. New essays on the psychology of art [M]. University of California Press. 1986.

[17] Anderson J R，Bothell D，Byrne M D，et al. An integrated theory of the mind [J]. Psychological review，2004，111(4)：1036.

[18] 杨静. 人机界面与用户模型的研究及应用[D]. 天津：河北工业大学，2002.

思考题

1. 人机交互的定义是什么？
2. 交互设计的目的是什么？
3. 人机交互的三要素是什么？
4. 什么是菲茨定律？

5. 常用的任务分析方法有哪些？

6. 格式塔心理学的主要原则有哪些？列举一些生活中用到的格式塔心理学的案例。

7. ACT-R 模型的工作原理是什么？

第 2 章

用户研究方法

2.1 用户模型

要使人和计算机之间的交互自然、和谐,就需要计算机理解人的认知和行为。所以交互系统中需要包含用户模型,基于人的认知特点来描述计算机行为体系,使人机交互过程符合人的心理和行为。研究用户在日常实际生活中的交流方式,例如,表达方式、学习方式等,以及用户背景信息,例如,知识、经验、能力、技巧和喜好等,同时,分析用户行为特性(从行为到初级感知),从而建立相应领域的用户模型,使系统更加了解用户的意图,给出相应的反馈,提高交互效率。

2.1.1 用户模型

用户模型(User Model,UM)[1]是指根据用户相关信息,如用户兴趣、行为、背景知识等归纳出计算机系统可读、可计算的模型。用户模型实际上包含两类不同的概念:一类是用户自身在与系统交互过程中形成的概念模型,是用户对外部世界认知的描述;另一类则是描述用户与外部世界联系、交互的知识,是系统进行处理与分析所依据的知识模块。需要解决两个关键问题:模型包含哪些因素和特征;模型是否对用户有较好的概括性和区分度。

广义上的用户模型有三种,如图 2.1 所示。

(1)用户头脑中的概念模型。用户头脑中关于计算机系统及其所应具有的功能的模型,表示了用户对计算机系统的理解和期望。该模型随着用户使用系统经验的增加而不断完善。

(2)设计者的用户模型。设计者头脑中关于用户的模型,是设计者对用户特征的描述,被设计者用来作为系统设计的基础。

(3)计算机系统的用户模型。由设计者在设计阶段依据设计者的用户模型,用计算机软件构造,在系统的运行过程中实现。

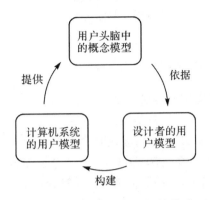

图 2.1　三种用户模型之间的关系

设计者根据用户头脑中的概念模型调整设计者的用户模型,将设计者的用户模型用软件的方法转换为计算机系统的用户模型,用户建模的最终目标是计算机系统的用户模型。狭义上的用户模型是指软件系统的用户模型,是我们更关心的也是计算机所拥有的关于用户特征的模型。用户模型是机器理解和操作用户特征信息的基础,也是系统在与用户交互的过程中实现知识获取的基础。通过获取的新知识,可对模型进行不断修正和完善,最终调整系统应对用户的策略和提供的服务内容。一个完整的用户建模过程如图 2.2 所示,包括用户信息收集、模型表示、模型学习与更新三个部分。

图 2.2　构建用户模型的一般过程

1. 用户模型分类

从具体实现和应用的角度来看,用户模型可以分成不同的类别,相关用户模型的定义、特点和建模方法可总结归纳为表 2.1。

表 2.1　UM 建模研究比较[1]

模型内容与建模方法	主要特点	参考文献
与应用相关的特征:计算机经验、知识等 与应用无关的特征:用户喜好、学习能力等	基于应用	[2]
用户在操作中的注意策略、词语与空间能力等	基于认知	[3]
基于用户思维、学习中的理解、记忆等建模	基于用户学习过程	[4]
分别对个体与用户群组,一般与特殊用户等建模	基于个体与群体	[2][5][6]
长期数据:如用户喜好、体验、能力等 短期数据:如最近的一次用户输入	基于时间周期特性	[7]
定量:如用户出错率、帮助请求次数等 定性:如用户知识、用户档案等	定量与定性划分	[2][8][9]
基于使用频率、目的、学习类型、熟练程度分类	用户分类标准	[5][8]
采用面向对象的知识组织方式进行建模	基于面向对象思想	[10]

许多研究人员针对上述构建用户模型的三个方面做了大量工作,下面将对这些工作进行分析与综述。

2. 用户建模信息的获取方式[16]

用户模型的信息来源实质上是通过用户的信息归纳出系统可读、可计算的用户模型的过程。以互联网应用为例,用户信息主要包括八类:①用户输入搜索引擎的查询关键词;②用户维护的书签(Bookmark);③用户浏览的页面;④用户的浏览行为;⑤服务器日志;⑥用户下载、保存的页面和资料等;⑦用户手工输入或选择的其他信息;⑧Cookie Logs 日志信息。可见,用户访问 Internet 过程中的大量信息都能够反映用户的兴趣,可以作为用户建模的信息来源。在所有的信息来源中,用户浏览的页面和浏览行为最能全面地反映用户的兴趣;服务器日志也能够较好地体现用户的兴趣;用户的Bookmark 和保存整理的文档虽然不一定能全面反映用户的兴趣,但能够很好地反映用户关注的信息;用户输入搜索引擎的查询关键词不宜单独用于用户建模;用户主动提供的兴趣主题信息是建模的重要信息;Cookie Logs 日志信息主要用于一些提供个性化服务的互联网站点。

3. 用户模型的表示[16]

用户模型的表示决定了用户模型反映用户真实信息的能力,在一定程度上限制了用户建模方法的选择。用户模型的表示目前还没有一个统一的标准,常见的表示方法有以下几种:

(1)关键词列表法。以用户感兴趣信息的关键词来表示,如用户对政治类感兴趣,则用户模型可以用"政府"、"人民代表大会"等关键词表示。这组关键词可以由用户指定,也可以通过学习算法得到。采用用户指定关键词法会增加用户的负担,而且要求用户准确的描述自己的兴趣也不太现实。通过学习算法得到表示用户模型的关键词在本质上与文本分类中的特征选择问题相似,首先由用户提供或由系统收集到一组用户感兴趣的文档,然后采用机器学习算法通过训练样本得到一个较少的特征集合,得到表征用户兴趣的关键词。

(2)主题表示法。以用户感兴趣信息的主题来表示用户模型的。比如用户对政治类、音乐类和体育类感兴趣,则用户模型就表示为政治、音乐、体育等主题。这种表示法往往与具体的应用领域相结合。如 Yahoo 的个性化入口 My Yahoo 的用户模型就是以用户选择的网站栏目来表示的,如果用户订制了体育和科技,My Yahoo 就会显示根据保存的用户模型定制的个性化页面。

(3)Bookmark 表示法。这种表示法是以用户保存的重要站点或页面的 Bookmark 来表示用户模型的。在用户浏览 Web 的过程中,如果遇到很感兴趣或认为很有价值的页面,用户一般会将相应的 URL 保存在 Bookmark 中,以方便以后的浏览。用户的Bookmark 可以反映用户关注的兴趣主题。

(4)基于向量空间模型的表示法。这种表示法是指用关键词构成的向量来表示用户模型。向量空间模型是文档表示的常用方法,其基本思想是以向量来表示文档,每个文档表示为 $\{(t_1, w_1), \cdots, (t_n, w_n)\}$,$t_i$ 称为文档中的第 i 项,它可以是字、词、词组或短语等。W_i 为 t_i 项在文档中的权重,表示它们在文档中的重要程度。$t_1, t_2, \cdots, t_n$ 可以是用户感兴趣的文档中出现的全部项,也可以是经过选词处理后的项。采用所有关键词及其权重表示用户兴趣模型的方法,一般对应于直接采用用户感兴趣的文档作为用户模型。由于大量的用户感兴趣文档中的特征项对表现用户兴趣主题没有直接的益处,而且随着用户感兴趣文档的增加,用户模型会不断地增大,因而这种用户模型表示方法需要大量的物理空间和计算开销。

(5)基于本体的表示法。本体来源于哲学领域,原意是指一种存在的系统化解释,借鉴至知识工程领域之后,有关研究者对本体进行了新的诠释,认为本体是对概念化对象的明确表示和描述。由于本体对特定领域对象的表示与描述具有规范性、可重用性、可靠性等特点,这种形式的用户个性化模式通过依托这些语义关系,构成一个层次结构,提供用户感兴趣领域的信息空间的抽象视图。在层次结构的用户个性化模式中,节点是描述用户兴趣的词条,层次中的边表述词条间的语义关系。这种层次表示法在描述个性化兴趣时更清楚和准确,能较好地反映用户兴趣的语义信息,从而弥补关键词表示的缺陷。但这种方法缺乏定量表示,所以对未知文档过滤的精确率不高。

(6)兴趣粒度表示法。根据粒度大小分为粗兴趣粒度和细兴趣粒度。粗兴趣粒度表示是指在用户模型中只区分用户感兴趣和不感兴趣两大类的用户模型表示方法;而细兴趣粒度表示则要在用户模型中区分用户的兴趣主题。粗、细兴趣粒度表示法往往与前五种用户模型表示法结合起来使用。粗、细兴趣粒度表示用户模型的形式如表2.2和表2.3所示。

表 2.2　用户模型的粗兴趣粒度表示

用户模型	用户建模	个性化	世界杯	巴西	公务员
招聘信息	搜索引擎	浏览器	星座	姚明	兼职

表 2.3　用户模型的细兴趣粒度表示

兴趣主题1	罗纳尔多	世界杯	英格兰	巴西	贝克汉姆	米卢
兴趣主题2	用户模型	用户建模	个性化	更新	用户兴趣	兴趣变化
兴趣主题3	招聘信息	公务员	兼职	简历	教师招聘	求职

在现有的个性化服务系统中,用户模型大多采用粗兴趣粒度表示法,这是因为粗兴趣粒度用户建模实现起来较为简单,可以借鉴成熟的机器学习方法。而采用细兴趣粒度表示法的系统相对较少。但是细兴趣粒度用户模型更能细致地刻画用户的兴趣和偏好,也利于用户理解和修改模型,能提供更高质量的个性化服务。

在上述六种表示法大都需要知道用户感兴趣的关键词。让用户手工输入关键词固然是一种可行的方法,但是这样会给用户带来额外的负担,而且用户自己也未必能详尽的罗列出自己感兴趣信息的关键词。因而通过机器学习算法获得用户兴趣的关键词是用户建模的重要手段。

4. 用户建模技术的分类[16]

根据建模过程中用户的参与程度,用户建模技术可以分为用户手工定制建模、示例用户建模和自动用户建模。

(1)用户手工定制建模。是指用户自己手工输入或选择感兴趣的信息,例如用户手工输入感兴趣的关键词列表,或者在系统提交给用户的一张表格上选择感兴趣的栏目等。用户手工定制建模是用户建模方法中最为简单的方法,在个性化服务发展的早期,用户手工定制建模是用户建模的主要方法。用户手工定制建模方法实现简单,也具有较好的效果,但它也存在一些问题,例如:完全依赖于用户,容易降低用户使用系统的积极性;即使用户乐意手工输入用户模型,用户也难以全面、准确地罗列自己感兴趣的栏目或关键词,从而导致用户模型不够准确;当用户兴趣发生变化时,用户必须重新输入兴趣信息。

(2)示例用户建模。是指由用户提供与自己兴趣相关的示例及其类别属性来建立用户模型的建模方法。由于用户对自己的兴趣和偏好等最有发言权,因而用户提供的有关自己兴趣的示例最能集中、准确地反映用户的兴趣。这种方法一般要求对浏览过的内容,如网站页面,标注感兴趣、不感兴趣或者感兴趣的程度。浏览过的页面及相应的标注成为用户建模的示例。在得到示例以后,系统通过机器学习算法从示例中抽取关键词构成反映用户兴趣的用户模型。与用户手工定制建模方法相比,示例用户建模对用户的依赖要少,构建的用户模型也更能全面地反映用户的兴趣。但是示例用户建模方法常常需要用户在浏览的过程中标注页面,这严重干扰了用户的正常浏览过程,降低了用户体验水平。

(3)自动用户建模。是指根据用户的隐式反馈信息自动构建用户模型,建模过程无须用户干预。这种方法实际上是改进了示例用户建模方法中的示例获取途径,将其转化为无须用户标注的自动示例获取方法。这种方法虽然实现简单,但容易引入噪声,不利于构建高质量的用户模型。总的来说,自动用户建模由于无须用户主动提供信息,因而不会造成对用户的干扰,有利于提高个性化服务系统的易用性和促进个性化服务的发展,是用户建模技术发展的趋势。

5. 用户模型的更新[16]

用户兴趣是随时间的推移而动态变化的,一些用户原本感兴趣的内容会随时间的推移渐渐被遗忘,而新的兴趣也会逐渐产生。在用户第一次使用个性化系统时,根据用户注册信息或提供的兴趣信息建立了初始的用户模型来描述用户的个人兴趣,这可以看作用户兴趣的一个静态描述,它在与用户的交互过程中是不发生改变的,当用户兴趣随时间推移而动态变化时,用户模型也随着改变,就能真实地反映用户当前的兴趣。在系统与用户的交互过程中,一旦学习到用户新的兴趣,就需要自适应地修改用户兴趣的动态描述;用户也可以自主修改当前的用户模型,这样,系统就可以随着用户兴趣的变化而变化。

用户模型的更新通常有两种方法,显式更新和隐式更新。显式更新,即根据用户的反馈信息进行更新,要求用户在每次浏览结束时,对页面进行反馈和评价,例如,用户浏览完一个页面时,标注感兴趣与否或者感兴趣程度,系统据此对用户模型进行更新。这种做法很难收到实效,因为需要中断用户的正常浏览和阅读过程,而很少有用户向系统主动表达自己的喜好。隐式更新,即根据用户访问的信息进行更新,不需要用户的参与,主要是利用用户的浏览行为信息进行用户模型的更新。个性化服务系统都要时刻关注用户兴趣的变化,更新用户模型是系统不可缺少的一部分。

2.1.2 人物角色模型

Alan Cooper 最先在软件开发中引入人物角色(Persona)方法[11]。人物角色是一种关于用户的描述性模型,它代表在目标、态度、动机以及行为等方面有明显不同的一些真实用户群体,用于辅助交互系统产品的设计决策。

图 2.3 是一个简单的人物角色例子,包括:关键差异、姓名、照片、个人信息、行业信息、业务目标、简介、计算机和互联网使用情况、人物角色的优先级、语录等。

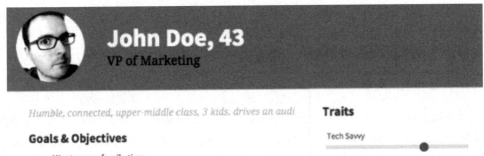

图 2.3　人物角色范例①

---

① http://www.tuicool.com/articles/j67rMv

1. 人物角色的特征分析[17]

(1)人物角色的不确定性。人物角色是一个用户原型，它是通过对大量真实用户的研究，将某些特征抽象出来的。因此，采用不同的标准可能会得出不同的人物角色。可以按年龄、职业、地域等这些人种学标准划分，也可以根据其他标准来划分。不管以何种标准划分，都需要最大限度地符合用户实际需要，最能优化交互系统所提供的服务资源。

(2)人物角色的个体性与群体性。人物角色不是平均用户，而是一个有血有肉、有姓名、有职业和年龄的具体的人，它源于真实生活。同时它也是一个群体，代表着具有某些共同特征的一群人。

(3)人物角色的虚构性与实体性。人物角色是根据研究用户得出的数据进行抽象而来的，它并非真实的某个人，而是通过人为加工的某些人的聚合体。

(4)人物角色的静态性与动态性。人物角色不是静止不变的，它随着各种因素的变化而变化，同一产品在不同时期的目标群体会发生变化。一方面是目标群体自身的变化，如消费行为的改变等；另一方面是外界因素的改变，比如，购物手段、科学技术的进步等。

(5)人物角色的特定性。人物角色的创建不是一劳永逸的。设计与开发过程中为特定产品创建的人物角色不能被复制到其他产品上。不同产品的目标人群不同，不具备可替换性；人物角色是动态的，不是一成不变的；即使是同一产品，后一代产品的开发也不能完全使用上一代产品创建的人物角色。

2. 人物角色的分类[17]

所有的设计都需要一个设计目标，即设计所关注的受众。通常，目标越具体，越能辅助决策，试图创建同时满足3~4个人物角色的设计方案是相当困难的。因此有必要对人物角色分类，然后对其进行优先级排序，来确定首要的设计对象。分类的目的是找到一个关键的人物角色，该角色的需求和目标能够通过用户界面完整而愉快地被满足，而且不会剥夺其他人物角色的权利。通常人物角色可以分为以下六类[12]：

(1)首要人物角色。首要人物角色代表的是设计的主要目标人群。在单一产品中，每个用户界面只对应一个首要人物角色。某些产品可能存在多个不同的用户界面，那么保证其中每个界面都针对不同的首要人物角色。比如学校教务系统，至少有三个不同的用户界面，一个由管理者使用，一个供教职工使用，另外一个供学生使用，因此需要保证每个界面针对不同的首要人物角色，管理者界面针对管理者这个人物角色，教职工界面针对教职工这个人物角色，学生界面针对学生这个人物角色。

(2)次要人物角色。是对主要人物角色的补充，通常首要人物角色的用户界面能够满足次要人物的大部分需求。次要人物也有一些其他的需求需要满足，而且满足这些需求的同时还不能削弱产品服务首要人物角色的能力。

（3）补充人物角色。除首要人物角色、次要人物角色外的用户人物角色都可以称作补充人物角色。一个界面的补充人物角色可以有多个，通常，行政人员作为补充人物角色。

（4）顾客人物角色。主要用于解决顾客的需要。顾客和最终用户是不同的，前者的范畴更大一些，顾客除了是产品的最终用户外，还可能只是产品的购买者而非使用者。通常情况下，顾客人物角色被处理成次要人物角色。

（5）接受服务的人物角色。这是一个比较特殊的人物角色，他不同于上文提到的各种人物角色，他不是产品的用户，然而他却会受到产品使用的影响。这种现象在医疗产业非常普遍，一个病人接受医疗设备检查，他并不是系统用户界面的使用者，但是他会因为一个好的界面得到更好的服务。通常这类人物角色也会被当成次要人物角色。

（6）负面人物角色。与接受服务的人物角色一样，不是产品的用户，常被用来和利益相关人以及产品团队沟通，他的作用只是用来和团队中其他成员进行交流，不成为产品的设计目标。负面人物角色通常是 IT 专家、行业内的专家等。

3. 人物角色的作用[17]

企业希望产品能满足所有人的需要，但是往往任意扩展产品功能却会导致产品越来越难以使用，能够取悦某些用户的功能可能会降低其他用户的满意程度。人物角色方法的关键是首先确定产品为哪些人设计，然后选择合适的个体，分析他的需求（通常他的需求代表很大一部分关键成员的需求），接着对这些个体及其需求进行优先级排序，以确定最重要的个体及需求，这样一来就可以保证最有价值的用户被满足。人物角色主要有以下几个方面的作用：

（1）人物角色带来专注。人物角色的第一信条是"您不可能制造一个任何人都满意的产品"。在大多数案例中，成功的商业模式通常只会针对特定的群体。因此，人物角色可以帮助设计团队集中精力考虑这类用户的需求，从而通过为这个特定的群体提供优质的服务来达到商业目的。

（2）人物角色促成意见统一。每个人看待事物都是不同的，对于同一个设计，不同的人会有不同的观点，因而对用户研究的原始数据，每个人都会有自己的看法。因此，在设计团队进行决策时，每个团队成员都可能提出不同的设计方案，这会导致效率低下，甚至出现项目无法继续深入的情况，而人物角色能促成团队成员达成统一的意见。

（3）人物角色创造效率。通过设定人物角色，就能清楚"我们为谁设计"或者"我们应该有什么样的功能"，能够更早做出重要的决定，而不是等到快要交付的时候才讨论该要什么样的功能，该为谁设计。这样做可以很大的提高工作效率，节省不必要的时间和金钱。

（4）人物角色能够带来更好的决策。人物角色能帮助每个人做出更好的决策。因为人物角色源于用户研究，所以企业的管理层实现确信这些是他们的目标用户群；同时，产品开发团队也知道如何去满足用户的需求以实现盈利。

2.2 研究方法

2.2.1 情境调研

情境调研(Contextual Inquiry)是用户研究中常用的一种方法。情境是指产品被使用的环境,包括用户、任务、系统(硬件/软件/服务)、日常生活的社交环境等。在进行情境调研之前,需要明确两个问题:如何找到用户所想和所要的需求? 成功的用户研究是怎样的?

在进行情境调研时,包含 4 个主要要素:情境、合作关系、解读、关注点。情境(Context)指的是去用户的家里或者工作环境,理解用户行为的场景。合作关系(Partnership)采用一种师徒关系模式,把用户看作专家,让他们把工作方法教给调研人员,师傅在工作时,一边工作一边介绍;调研人员也可以打断他们,问一些相关问题,这样可以搜集到更多真实的信息。解读(Interpretation)就是调研人员和用户讨论观察到的信息,以证实调研人员的猜想和结论是否正确。关注点(Focus)是指在情境调研之前,调研人员与产品开发团队就调研的议题达成一致,带着这些议题去观察用户,避免偏离主题。

情境调研主要包括以下几个步骤:

1. 确定用户以及人数

首先要明确:用户指的是真正使用系统/产品的人。调研需要访谈的用户人数可以从以下几个方面进行考虑:

(1)如果确定主要的用户类型,大约每种类型访谈 5 个人;

(2)如果还不确定主要的用户类型,大约访谈 10 个人,并进一步根据访谈材料进行分析和确定主要用户类型;

(3)设计一个典型的应用,大约要访谈 20 个人,大概要花 1 周的时间从这些用户中搜集相关材料。

2. 达成一致的关注点/议题

在开始调研之前,要对关注点达成一致,建议通过头脑风暴的方式让团队成员参与进来。

(1)给项目组成员 5 分钟的时间开展头脑风暴,提出他们想问用户的问题(确保问题都是开放性的,别问一些要回答 yes 或 no 的问题);

(2)每个问题都写在便签纸上;

(3)5 分钟之后,团队成员一起对这些问题进行分组;

（4）要求大家对这些分组进行排序,确定哪些组是首要关注点;

（5）将这些分组组成一个主题地图。

3. 记录

采用如下几种方式进行记录:

（1）记录会话。被调研用户的口述表达,是调研结束后用来分析的核心。可以采用录音的方式,不过要获得参与被调研用户调研用户的同意,要告诉他们这些内容将被保密,并且仅用于研究与开发工作。

（2）拍照。拍照时可以拍摄不同的景别,例如:远景,拍下房子的外观和整个办公室;中景,拍下用户周边的人和物;近景,拍下用户在他/她的环境中与特殊物品互动的场景。当然,如果无法拍照,也可以画草图代替。

4. 做笔记

做笔记的技巧包括以下几个方面:

（1）笔记本的第一页纸预留,用来记录你听到的形容词、行话,这样可以快速地建立一个词汇表;

（2）做笔记时,主要记录调研过程中用户的行为、调研环境、双方交流的关键内容等;

（3）做笔记自然重要,但是也别忘了用适当的眼神交流或者其他方式来表达你与用户参与在一起。

结束一个用户的调研之后,要花 15 分钟来快速总结你所听到的、观察到的信息。在总结时,需要注意:最好的观察,是你看到或听到的事情,而不是经过你解释的;观察应该是一段直接的引用或用户的一个目标、行为、痛点,或者让你惊讶的任何事情。

5. 亲和图

亲和图方法（Affinity Diagramming）是把大量收集到的事实、意见或构思等语言资料,按其相互亲和性（相近性）归纳整理,使问题明确起来,求得统一认识和协调工作,以利于问题解决的一种方法。

通常采用如下步骤来制作亲和图表:①熟悉调研材料,阅读笔记,回忆调研场景;②找出有意义的重要观察点,然后问"为什么";③解释为什么会发生这样的情况;④将调研得到的信息进行分组,建立不同分组之间的联系,然后在大的立面上,如白板、墙面,利用贴纸等展示亲和图表（如图 2.4 所示）;⑤对这些结果进行描述,总结调研材料,在此基础上做后续工作。

在调研结束后,可以采用亲和力图进行总结,主要记录如下内容:描述参与者和环境,参与者的目标和优先关注的事项;列出这个访谈中三个主要的事项或学到的事情;列出这个参与者与其他参与者之间的相似点和不同点。

图 2.4　亲和图范例

2.2.2　焦点小组

焦点小组法（Focus Group），也称焦点小组访谈法，它将一组人集合起来讨论某一特定问题，获得一些定性数据，从而了解用户对一个新的观点、服务或产品、设备等的看法和态度，通过改进使之更符合用户的要求。

焦点小组包括一个讨论主持者和一些参与者。参与者在主持者的引导下讨论某一问题或某一主题。主持者的职责是使小组的焦点保持在所关心的问题上，并按照既定的主题，将要讨论的各个问题衔接起来。但从参与者的角度看，会议是自由、流畅的。下面介绍焦点小组法涉及的几个主要方面[18]：

1. 主持者

焦点小组的成功很大程度上取决于主持者。要求主持者能在小组成员中引发讨论，促进访谈的顺利进行；而另一方面，要求主持人的个人观点需要中立，不能影响讨论结果。因此，一般要求主持者需要具备以下能力：能较好地处理人际关系，营造积极讨论的氛围，激发小组成员的经验，并具有指导和促进讨论，而非控制讨论的能力。

2. 参与者的选择和数量

典型的焦点小组根据人口统计学指标和产品使用情况来选择参与者人数。对某些具有针对性的产品（如专门为某一类人群设计的产品），应该招募那些更有代表性的用户。另外，选择的参与者应该具有足够大的差异，这才可以提供足够多的观点。

在确定参与者的人数时，需要权衡两方面因素：一方面，要考虑小组成员之间的相互影响作用，这是焦点小组的重要特点之一，即一个参与者的评论可以引发另一个参与者提出好的想法，小组中参与的人越多，越有机会发生这种情况。另一个方面，为了使所有的参与者都有机会阐述他们的观点，人数则越少越好，因为如果人们要等很长时间才有机会说话，可能会感到因为厌烦而不愿意再发表自己的观点。因此，确定一个"正确"参与者的数量是很难的，但一般不少于 6 个用户，而且，最好有多个小组，因为一个焦点小组会议的结果可能并不具备代表性的。

3. 焦点小组的持续时间和提示

焦点小组的持续时间不应该太短，持续时间长可以使讨论更深入，参与者可以将更多的时间用在任务上，并可以在成员之间产生广泛的互动，从而在一次焦点小组会议中收获更多有益的观点和信息。

在焦点小组的执行过程中，主持者要经常向小组成员提出一些提示，特别是在讨论出现"干涸"时，也就是参与者不知道该说什么时。但需要注意的是，提示仅仅是用来激起更多谈话的手段，而不要引起参与者特别的反应，也就是说提示中的语言表述要注意技巧。例如，应该使用中立性的表述，如"你是怎么想的?"，而不要使用具有倾向性的表述，如"你困惑吗?"。然而，即使中立性的措辞也存在局限性，它可能导致参与者讨论对那些和主题无关或者并不是很重要的问题。为了了解提示引发的讨论内容对参与者的重要性，在这部分讨论结束后，可直接询问参与者是否认为讨论内容具有重要性。

4. 数据收集与结果分析

最佳的数据收集方法是对访谈过程进行录音。需要注意的是，录音可能会使一些参与者感到不自然，从而影响访谈的真实性，因此应先保证数据收集过程没有影响到讨论的自由气氛。访谈之后，需要对录音进行转录等后期处理。另外，收集的数据不仅仅是讨论的内容，还应该包括参与者之间互动的过程。焦点小组只能获得一些定性数据，其结论大多不能进行概括和推广。如果打算将焦点小组获得的结论进行推广，可以考虑进一步结合调查问卷。

5. 焦点小组的主要特征

焦点小组涉及社会科学研究中的两个方法：一个是焦点访谈法，在访谈中可引出关于一个话题的信息；另一个是小组讨论法，一个熟练的主持者引导一个小组中不同成员讨论某一话题。与其他方法相比，焦点小组的主要特征是：①具有小组动力学特征，即一个用户提出的问题可以激起另一个人的想法，从而产生广泛的交互作用，这使数据内容越来越丰富。小组交互作用可以促进观点和信息的交换，从而促进单个小组成员的思考，使小组中每个人的观点建立在其他成员的观点之上。②允许参与者更自由的表达。由于讨论常基于开放式的问题，没有封闭式问题的限制，参与者可自由选择他们的参与方式，并在与他人的讨论中进行争论和改变彼此的观点，还可能会发现开始没有预期到的问题。③可以揭示用户界面设计中的深层次问题。有些产品从功能上看，设计方案考虑得很全面，一般的测试方法也很难发现有其中明显的设计缺陷，但在市场上却不能被用户所接受，这就需要通过焦点小组这种讨论形式来了解用户的内心想法，从而进行相应的改进。④它是收集一些人的观点最为经济、有效的方法。它比与同样一群人做单独访谈所花的费用更少，效率更高。

2.2.3 卡片分类[19]

卡片分类(Card Sorting)是一个以用户为中心的设计方法,专注提高交互系统的友好性和实用性。分类过程包括将卡片分类,给每一个标签标注内容或者功能,并最终将用户的反馈进行整理归类。

卡片分类是一种可靠并且低成本的用户观察、分类方法,借助它能够发现用户对交互系统期待的功能和内容,也就是进一步了解用户的心理模型,从而让系统变得更加容易使用。卡片分类的内容要具有代表性,即该部分内容能够代表整体内容。参与者根据提供给他们的内容创建分组,如果某些内容未能出现在卡片分类中,则参与者在分组过程中就不会考虑该方面的内容,分组结果也不会体现该部分内容。

卡片分类法常见的形式有两种:

(1)开放式卡片分类。向参与用户提供带有具体内容但未经过分类的卡片,让他们自由组合并且描述分类的原因。开放式卡片分类能为新的或已经存在的系统提供合适的基本信息架构。

(2)封闭式卡片分类。向参与用户提供系统建立时已经存在的分组,然后要求将卡片放入这些已经设定好的分组中。封闭式卡片分类主要用于在现有的结构中添加新的内容或在开放式卡片分类完成后获得额外的反馈。

在卡片分类活动最后要查看创建的内容分组,然后向参与者询问一些补充性的问题,请他们陈述分组的理由。这有助于理解他们的卡片分类是否使用了一种基本方法,或者只是做了粗略的内容分组,并了解设计与开发团队成员是否对整体分类结果感到满意。了解参与者是否愿意对自己创建的分组发表意见是很有帮助的,如果他们自己都不置可否,就不能完全依赖他们的分类。如果参与者们都很高兴,就知道得到的结果肯定是好的。让参与者谈谈分类活动中的哪些部分最简单,哪些部分最难,这有助于设计与开发团队有针对性地分析各组卡片信息。

卡片分类法的优点包括:过程简单、成本低廉、省时、客观性强。缺点包括:①以内容为中心,不考虑用户目标;②由于不同用户分类方式各异,可能导致结果产生较大差异性;③数据分析阶段比较耗时,特别是在结果差异性较大时;④结果的精确性有时较低,因为用户可能只是通过表面特征进行排列和分类。

2.2.4 问卷调查[20]

获取用户需求的另一个常见方法是问卷调查。问卷调查法也称"书面调查法",或"填表法",是用书面形式间接搜集信息的一种调查手段,是实证研究中常用的方法之一,它以语言为媒介,使用严格设计的问题或表格,收集研究对象的相关资料。问卷调查法适合标准化和结构化的问题,适用于描述性调研和解释性研究。使用该方法能广泛了解用户意见,实施简单,并且可以对结果进行快速分析。不过,问卷调查法需要对问卷问题进行精心设计,其灵活性不如访谈之类的方法。

问卷调查法的优点主要包括:①调查结果容易量化;②调查结果便于统计处理与分析;③如果实施得当,结果有效性高、效率高;④如果量表的信度和效度高,且样本数量大,可以获取高质量的研究数据;⑤问卷调查对被调查者的干扰较小,实际操作可行性高。

问卷调查实施过程中,关键要确保被调查者能够认真地阅读和理解问卷中的所有问题,并且提供真实坦诚的回答。问卷本身的质量会直接影响被调查者在填写问卷时的态度和行为,也将进一步影响调查的实际价值。因此需要在问卷设计上下功夫,以保证得到最优的结果。此外,组织好调查问卷的发放和收集工作,同样对于保证调查结果有着重要的作用。

问卷调查主要包括问卷设计、问卷管理、数据分析等,下文对这些方面做详细阐述。

1. 问卷设计

问卷的设计是一个复杂的过程。为了确保结果可靠,必须清楚问卷的目标,即想从用户那里了解到哪些信息,并且要避免向用户提出与调查目标无关的问题,以节省用户时间,提高工作效率。

设计调查问卷的指导原则包括:应确保问题明确、具体;尽可能采用封闭式问题并提供充分的答案选择;对于征求用户主观意见的问题,应提供一个"无看法"的答案选项;先提出一般化问题,再提出具体问题;避免使用复杂的多重问题;设定适当的答题选项等级范围,并确保它们不重复,且等级的顺序应做到直观、一致;避免使用专业术语;明确说明如何完成问卷;问卷界面布局既要紧凑又要适当留空;简短介绍问卷的目的,并解释如何回答问题,所收集的数据将被如何使用;根据不同类型的问题使用不同类型的回答方式,如单选、多选、开放式回答等。

2. 问卷管理

在进行问卷调查时,存在两个关键问题:一个是如何寻找有代表性的用户;另一个是如何达到合理的回复率。对于大型的调查,需要使用相关的采样方法选择潜在的回复者。常见的采样方法包括随机采样、机械采样、分类采样和整体采样等。单纯的随机采样全凭概率来进行,从理论上说都是均等的。机械采样是将总体中的每个个体按一定的顺序排列编号,然后以一定距离大小,由样本所需数与总体个数的比率,机械地抽取。这种方法可保持分布均匀。分类采样是将全部个体依据某种标准分类,再从每类中按随机采样法抽取。整体采样是以集体为对象的抽样方法,对抽出的集体中的全部个体进行调查。

为了提高回复率,应遵循一定的指导原则来对调查问卷进行管理,例如:精心设计问卷,避免用户感到厌烦;提供简要描述,说明若用户没有时间完成这个问卷,可只完成一部分;提供一个带有回复地址并贴好邮票的信封;解释调查的目的,并说明将为参与答题的用户保密;在发出问卷后,积极地联系用户;采取一些鼓励措施,如赠送小礼物、抽奖等。

3. 数据分析

对于收集回来的调查数据进行统计分析,即通过问卷得出结论。首先要对问卷做检查,剔除那些明显不符合要求的反馈结果;最好能够借助软件或电子表格进行数据统计和分析。

对于不同类型的问题,分析的方法也不同:①对于选择题,统计不同选项所占的百分比;②对于李克特量表(Likert Scale)中的问题,需要统计每个问题的平均得分和标准差等;③对于开放式问题,则需要对答案进行归纳、分类和总结。分析问卷的结果时需要用到很多数理统计知识,例如,参数估计、假设检验、方差分析与回归分析等。除了对问题的回答进行统计分析外,还要对用户的背景信息进行统计,这有助于分析调查中发现的问题。

2.2.5 实践案例

与其他方法相比,问卷调查法是最为方便快捷的方法,因此被广泛使用在人机交互系统和产品的设计研究之中。根据前面提到的调查问卷设计原则,针对校园类手机APP的功能设计了一份调查问卷。

第一步,在设计问卷之前,要全方位了解所要调查项目的研究背景,明确此次调查的目的及所要收集的信息,并确定调查对象。在该案例中,对校园类 APP 功能进行调查,调查对象是在校大学生。

第二步,在问卷开头,说明此调查问卷的主要目的,并承诺保护好用户的隐私。调查问卷的题目设计要与调查目的密切相关,问卷内容应从当前实际出发,充分考虑调查时间、调查环境以及调查对象的年龄结构、文化水平、职业等对调查结果的影响。

第三步,让用户填写一些必要的基本信息(最好不要涉及隐私),整个问卷题目要按一定顺序编排,先易后难。把比较能引起受访者兴趣的问题放在前面,验证型问题放在中间或靠后,开放性问题尽量放在最后。

该案例中使用的调查问卷样例如下所示:

校园类手机 APP 功能设计调查问卷

亲爱的同学,您好:

此调查问卷旨在调查校园类手机 APP 的使用功能,数据仅用于研究,会严格保密。真诚地希望您能够如实填写,感谢您的支持!

1.您的性别:

　A.男　B.女

2.您所在的学校的类型:

　A.本科　B.独立院校　C.高职高专　D.其他

---

3. 您现在使用的手机的类型：

　　A. 智能手机　　B. 普通手机　　C. 没有手机

4. 您的手机除了打电话，主要用途是：

　　A. 交际型（微信、微博、QQ、短信）

　　B. 娱乐型（玩游戏、听音乐、看电影）

　　C. 学习型（学习软件、录音）

　　D. 信息型（看新闻、电子杂志）

5. 您曾经下载过校园类手机 APP 应用吗？

　　A. 有　　B. 没有

6. 您常用的手机 APP 类型有哪些（多选题）？

　　A. 咨询型（如网易新闻、百科）

　　B. 社交型（如 QQ、微信）

　　C. 购物型（如京东、淘宝）

　　D. 游戏型（如消灭星星、保卫萝卜）

　　E. 工具型（如滴滴打车、12306）

　　F. 其他

7. 您觉得一款围绕大学校园生活的 APP 应该具备哪些功能（多选题）？

　　A. 校园论坛

　　B. 校园交友

　　C. 校园通讯录

　　D. 地图导航

　　E. 校园新闻/社会新闻

　　F. 网店购物

　　G. 招聘兼职

　　H. 娱乐生活

　　I. 分享传播

　　J. 其他

8. 在您选择使用一款 APP 时，通常会考虑哪些因素（限选 3 项）？

　　A. 接受应用收费

　　B. 具有评分或网友评论功能

　　C. 安全性与隐私保密性

　　D. APP 的名称、图标具有吸引力

　　E. 程序版本更新

　　F. 用户使用率高

　　G. 下载量高

　　H. 应用功能是否实用/有吸引力

　　I. 应用软件文件大小

　　J. 周边人推荐程度

9. 您希望校园类手机 APP 功能应更加侧重哪个方向发展(限选 3 项)?

    A. 知识学习

    B. 游戏娱乐

    C. 社交软件

    D. 饮食购物

    E. 生活百科

    F. 其他

10. 您是从哪种渠道了解和下载手机 APP 软件(限选 3 项)?

    A. 应用商店

    B. 应用下载网站

    C. 手机论坛

    D. 他人推荐

    E. 社交网站宣传

    F. APP 线上、线下广告宣传

    G. 手机系统预装第三方应用

11. 您认为手机 APP 推广的形式有哪些(多选题)?

    A. APP 下载抽奖

    B. 论坛或公众号进行软文推广

    C. 应用体验专场活动推广

    D. 创意视频广告推广

    E. 社交网站推广

    F. 二维码广告推广

    G. 手机系统预装 APP

    H. 其他

12. 在校园里各种商家的宣传中,你比较能接受哪些宣传方式(多选题)?

    A. 注册、下载有礼

    B. 评选类(如校花评选)

    C. 横幅海报宣传

    D. 活动赞助(社团活动等)

    E. 网络宣传

    F. 同学推荐

    G. 其他

13. 您对一款围绕大学校园生活设计的 APP 还有哪些期望?

_____

_____

_____

2.3 评估方法

人机交互领域存在许多评估方法。大多数情况下,这些评估方法都是从社会科学和心理学研究中转化过来的,且适用于人机交互系统的评估。

评估是指测试一个交互式系统的可用性[13]、功能性和被接受性。评估有三个主要目标:评估系统功能的范围和可达性、评估交互中用户的经验和确定系统特定问题。评估都直接或间接的以一些常识和基于某种理论为基础,与评估相关的这些常识和惯例称为"评估范型",每个评估范型都有特定的方法和技术。下面介绍一些常用的评估方法:

2.3.1 出声思维法

出声思维法[14](Think Aloud)是研究用户行为的一种有效方法,目前国内外已有不少使用出声思维法取得研究成果的案例。它具有获取数据真实、可靠、高效等优点,但同时也存在一些缺点,需要与问卷调查、访谈等方法结合使用。

出声思维法是认知心理学研究的一种基本方法,是指被试用户在实施行为的过程中,让其将正在进行的行为和思维用语言表达出来,依靠录音机等设备进行记录,进而通过整理和分析理解用户的思维过程和行为动机。该方法由德国心理学家 Duncker 提出,后来认知心理学家 Newell 和 Simon 在研究问题解决时,把它当作一个重要的方法加以利用。

利用出声思维法进行用户信息行为研究的实验过程,主要分为实验准备、实施、总结三个阶段[21]。

1. 准备阶段

一项实验是否能顺利进行,很大程度上取决于认真细致的实验前期准备工作。全面考虑被试者、实验环境、实验设备等各种因素,以确保实验结果的真实可信。

(1)选择实验地点、工具。实验地点需要选择在安静的环境中。录音、录像设备在保证效果的前提下尽量小型化,使其便于隐藏或与周围环境相协调。如果设备体积过大或显眼,可能会影响被试者的情绪。理想的有声思维,是被试者一刻不停地说出自己在实施行为时大脑内的任何信息。为了防止被试者在测试过程中出现长时间的沉默,可以设置一些提醒机制,例如灯光、声音,也可以是轻敲桌子或咳嗽等,但要确保提醒机制设置的合理性,避免灯光过亮或声音过大,以免对被试者产生影响,更要排除对被试者带来的潜在危害。

(2)选择合适被试者。用户的行为受到个体差异的影响,因此,要根据实验目的选择合适的被试者。被试者确定后,对其进行语言和心理培训。未经过语言训练的被试者常常不清楚自己应该口述什么内容,因此,进行一定的语言和心理培训是十分必要的。培训时要注意方式和技巧,尽量在轻松的气氛中进行友好的交谈。针对语言培训,可以给定被试者某些任务,让其反复进行口述模拟,并进行录音,然后从中挑选停顿时间较短、内容较丰富的录音回放给被试者听,让其明白什么样的有声思维报告才是较好的。同时,针对停顿部分,可以询问被试者,当时的具体想法是什么、是否还有哪些信息没有汇报出来等等。通过简单的提示,帮助被试者将其未意识到的信息内容表达出来。而心理培训除了克服被试者怕被人笑话、害怕泄露隐私、惧怕设备的心理外,更重要的是避免其出现迎合测试的心理。

(3)其他。在正式实验前,必须对录音设备及提醒机制反复检测,确保其正常工作。测试材料最好要与培训材料不一致,以免对被试者产生学习效应。

2. 实施阶段

在熟悉的环境中,对被试者进行测试,测试时间不宜过长,并记录其全部口述。测试期间,避免环境或陌生人对被试者可能产生的干扰,确保被试者在正常状态下完成测试。测试要本着自愿的原则,如果被试者想中途退出,要尊重其选择。另外,测试完成后如有必要,可以对被试者进行访谈。

3. 总结阶段

测试结束后,要遵循完整、真实、可靠的原则,完成有声思维录音到书面语言的转写工作。转写过程中,沉默、停顿、口误、含糊不清或非语言等现象都要如实转写。转写结束后,转写者可以与被试者一起核实撰写材料的准确性,并对有声思维数据进行评估,评估其信度和效度。在评估合格的基础上,对数据进行编码,将编码信息输入计算机,对问题进行分析,找出被试者在解决问题中的思维过程以及共性问题,发现其中存在的规律。

出声思维法获取的是用户在实施行为过程中的短时记忆内容,所收集的信息是对思维的直接反应,将真实的思维过程直接提取出来,没有经过加工改造,得到的信息较为客观、准确。利用出声思维法进行研究,所消耗的资金和时间成本都较低。但是由于出声思维法要求边说边做,有的被试者可能会不习惯,这样可能会增加被试者的心理负担,如果被试者的心态受到影响,可能会影响其行为处理中的速度和正确率。在测试过程中,被试者的声音会被录音,有时出于实验的需要,还可能录像。但这些涉及伦理道德问题,因此实验前需要得到被试者的同意。在允许的情况下,实验过程中所得到的数据要做到保密,不对外公开,尤其是关于一些专家的行为信息。

综上所述,出声思维法能够有效地再现思维过程,收集的数据真实、可靠,是研究用户信息行为的一种有效方法。但同时也应看到,任何方法都不是完美的,出声思维法也不例外,它本身固有的一些缺陷是无法避免的,因此需要结合问卷、访谈等研究方法一起使用。

2.3.2 启发式评估[22]

启发式评估（Heuristic Evaluation），是一种专家根据可用性指南对产品进行可用性评估的方法。启发式评估是一种常见的可用性评估方法，一般安排在项目开发早期，设计与开发团队已经提出了关于用户界面的初步设计方案。

启发式评估是一个经济实用的评估方法。它的主要优势在于专家决断比较快、使用资源少，并能够提供综合评价，为后续设计提供指导意见。它通常优于其他常用的评估方法。目前，今知名度和使用频率最高的评估标准是由 Nielsen 提出的 10 条评估准则，该评估标准成为启发式评估后续研究的基石。这类标准旨在最大限度地阐释启发式的作用，主要评估准则包括：

（1）系统状态的可见性：应始终让用户了解系统当前发生的事件，并在恰当的时机给予反馈和显示。

（2）系统与现实世界的匹配：系统语言要简洁明了，符合社会习俗，保证用户能轻易地解读；同时遵循现实世界的准则，让信息表现的自然、符合逻辑。

（3）用户控制和行动自由：用户在操作系统时拥有较大的主动权，例如在功能选择上出现错误时，系统能为用户提供一个"紧急出口"，不必再通过复杂的操作就能离开那里；同时，系统还可以为用户提供撤销和重做功能，方便用户纠正操作错误。

（4）一致性和标准：系统的功能设计、信息显示等遵循的统一标准，用户界面遵循一致性的设计准则，避免用户因为不同的文字表述、系统状态的显示是否代表同一件事情而产生困惑。

（5）错误的预防：能在第一时间防止用户操作失误的界面设计，好过一堆漂亮的错误提示信息。因此，应当在用户行动以前，就消除能诱使犯错的条件。必要时提醒用户如何操作，防患于未然。

（6）提高系统的识别性而不是强迫用户去记忆：尽量降低用户对目标、行为和界面组件的记忆成本，不要强迫他们去记忆，而要提高系统的可识别性。同时系统的使用说明应当能随时获取或显示，并在必要时，提供适当的提示信息。

（7）灵活性和使用效率：系统具有一定的灵活性，提高操作效率，例如，快捷键对初级用户不必特殊说明，但可以提高专家用户的使用效率，这种交互设计需兼顾有经验和没经验的用户，同时允许用户自己制定频繁操作的快捷键或宏录制。

（8）设计审美性：用户界面的设计要有一定的美感，简洁、明了。例如，对话界面不应该包含不相关或不需要的信息，因为每一个额外的信息单元，都会在一定程度上削弱原本相关信息单元的相对可见性。

（9）帮助用户识别、诊断，并从错误中恢复：应当使用简单的语言将错误信息呈现给用户，应有针对性地阐明问题，并为用户提供建设性的解决方案。

（10）帮助文档和用户手册：即使一个系统设计合理，无须帮助也能方便使用，但仍需要帮助文档。如针对用户重点任务方面的信息，系统应提供具体行动步骤，且该步骤要能被用户轻易地找到。

启发式评估分为三个阶段：

(1)介绍阶段。告诉专家需要做什么,可以预先准备一份指导说明,以确保每位评估专家都获得相同的信息。

(2)评估阶段。每位专家独立工作,通常花半个或1个小时单独检查产品。专家们需要使用启发式原则作为指导,结合应用的上下文,找出潜在的界面可用性问题,生成问题清单。

(3)总结阶段。综合各位专家发现的问题,并让专家集中进行讨论,确定问题严重性的优先级并提出潜在的解决方案。

启发式评估的优点是成本低、效率高、在开发过程初期较为有用、能够发现较多问题,同时发现重要问题和一般问题。其缺点是,由于不是面向真正的用户,可能忽略特殊领域内的应用问题。

2.3.3 可用性评估[23]

可用性评估是测试典型用户执行典型任务时的情况,指标包括用户出错次数、完成任务的时间等操作绩效指标。可用性测试的基本特征是测试过程是在评估人员的密切控制之下实行的,典型的测试是在实验室环境中进行的,主要是量化表示用户的执行情况,所得到的测试结果通常表示为统计值。

在过去的几十年中,很多可用性评估方法(Usability Evaluation Method,UEM)被开发出来,主要可以分为两类[15]:分析性评估方法和经验性评估方法。分析性评估方法是指通过模型对用户界面设计的可用性进行系统的检查,例如用户需求是否得到满足的分析、可用性诊查和运用一些心理数学模型。而经验性评估方法是指通过观察或其他手段从用户那里获得数据进行分析。

这些方法当中,有些是定量的测量,有些是定性的评估;有些研究用户的客观行为,有些研究用户的主观态度;有些针对最终的使用者,有些则需要不同领域的专家作为评估者。另外,在交互系统开发周期的不同阶段,不同类型的方法各有其优势和劣势。最后,方法的选用还要考虑到被测试系统的特点、使用情境、各种资源(成本、生产周期、人力资源等)限制、后期数据分析等诸多因素。

可用性评估应该遵循以下几项原则：

(1)最具有权威性的可用性测试和评估不应该针对专业技术人员,而应该针对用户。无论这些专业技术人员的水平有多高,他们使用的方法和技术有多先进,最后发挥决定性作用的还是用户的满意程度。因此,针对产品的测试和评估,应主要由用户来完成。

(2)可用性评估是一个迭代过程,在产品开发周期的初期阶段就应该开始准备。因此,在一个交互系统产品的设计初期反复征求用户的反馈意见,可以作为后续可用性评估的基础,但不能取代真正的可用性评估。但是如果没有设计阶段反复征求用户反馈意见的过程,仅在最后阶段靠一两次评估,则无法全面反映出产品的可用性。

(3)可用性评估必须在用户的实际工作任务和操作环境下进行。可用性评估不能靠发几张调查问卷,让用户填完后经过简单的统计分析就做出结论;而必须是用户在实际操作实验任务以后,根据其完成任务的结果,进行客观的分析和评估。

(4)要选择有广泛代表性的用户。因为可用性评估重要的一条准则,就是要求就系统应该适合绝大多数用户使用,并让绝大多数用户都感到满意。因此参加测试的用户必须具有代表性,应该代表目标用户中最广大的群体。

参考文献

[1] 程时伟. 基于上下文感知的移动设备自适应用户界面设计研究[D]. 杭州:浙江大学,2009.

[2] Dieterich H, Malinowski U, Kühme T, et al. State of the art in adaptive user interfaces[J]. Human factors in information technology, 1993, 10:13-13.

[3] 朱祖祥. 工程心理学教程[M]. 北京:人民教育出版社,2014.

[4] 程景云,倪亦泉等. 人机界面设计与开发工具[M]. 北京:电子工业出版社,1994.

[5] 关志伟. 面向用户意图的智能人机交互[D]. 北京:中科院软件所,2000.

[6] 李晓. 自适应人机交互界面研究[D]. 重庆:西南师范大学,2004.

[7] Rich E. User are individuals:individualizing user models[J]. International Journal of Human-Computer Studies, 1999, 51(2):323-338.

[8] Norcio A F, Stanley J. Adaptive human-computer interfaces:a literature survey and perspective[J]. Systems Man & Cybernetics IEEE Transactions on, 1989, 19(2):399-408.

[9] Schiaffino S, Amandi A. User - interface agent interaction:personalization issues[J]. International Journal of Human-Computer Studies, 2004, 60(1):129-148.

[10] 郝琪,罗卫平. 面向对象方法建立自适应人机接口的用户模型[J]. 计算机工程应用,1998, 34(10):42—43.

[11] 库珀. 交互设计之路:让高科技产品回归人性[M]. 北京:电子工业出版社,2006.

[12] Lieberman H. Letizia:An agent that assists web browsing[J]. Proc ijcai,1995, 1:924-929.

[13] Jordan PW. An introduction to usability[M]. Boca Raton:CRC Press, 1998.

[14] Nielsen J . Estimating the number of subjects needed for a thinking aloud test [J] . International Journal of Human Computer Studies, 1994, 41(3):385-397.

[15] Benbunan FR. Using protocol analysis to evaluate the usability of a commercial web site[J]. Information & Management, 2001 , 39(2):151-163.

[16] 陈玉娥.个性化服务中用户模型的研究与设计[D].青岛:山东科学大学,2007.

[17] 张超.基于产品设计的人物角色模型构建研究[D].长沙:湖南大学,2009.

[18] 石庆馨,孙向红,张侃.可用性评价的焦点小组法[J].人类工效学,2005,11(3):64—67.

[19] 尉玉龙.基于卡片分类法的移动平板应用信息架构研究[D].长沙:湖南大学,2013.

[20] 张晗.问卷调查法在初中思想品德课教学中的应用研究[D].济南:山东师范大学,2013.

[21] 韩青青,韩芳芳.出声思维法:研究网络用户信息行为的有效方法[J].新世纪图书馆,2013(6):70—72.

[22] 马咪咪.基于用户测试的启发式评估研究[D].济南:山东大学,2013.

[23] 刘颖.人机交互界面的可用性评估及方法[J].人类工效学,2002,8(2):35—38.

思考题

1.用户模型指的是什么？

2.用户建模时,获取信息的方式有哪几种？

3.用户模型的表示方法有哪些？

4.请简单介绍用户建模技术的分类,以及不同分类方式的优缺点。

5.人物角色的特征有哪些？

6.常用的人物角色分类有几种,他们的特点是什么？

7.人物角色的主要作用是什么？

8.什么是情境调研？

9.情境调研的主要步骤是什么？

10.焦点小组法如何选择参与者？

11.焦点小组法的主要特征是什么？

12.卡片分类有哪几种分类方式？

13.设计调查问卷时应该遵循哪些原则？

14.你认为在设计调查问卷时,有哪些注意事项？

15.请设计一份调查问卷。

16.请简单介绍一下出声思维法。

17.启发式评估的评估准则有哪些？

18.可用性评估应该遵循哪些原则？

第**3**章
交互设计

3.1 概念设计

概念设计是将用户需求转变成系统概念模式的有关活动。将概念模式定义为：关于所设计系统（产品）的整体构想和描述，及有关此系统应该执行的功能、运行情况和外形的概念，并且成为潜在用户行为下可以理解的结果。概念设计的重点是基于一系列可以产生"最好"或"足够好"概念的需求信息，将其转换为具体的产品，有效支持潜在用户的工作。概念设计的基本原则是从用户需求出发，面向用户在使用产品时的具体应用场景。

Beyer 和 Holtzblatt[1] 在基于情景的设计方法（Contextual Design）中，建议持续地回顾设计团队内部会议的内容，以便取得团队成员的不同观点和他们所观察到的发现，这将有助于深入了解和揭示出整个团队的不同想法。当对用户需求的进一步理解建立起来之后，设计思路便会产生，而且可以根据其他资料及情境加以测试和验证，或者和团队的其他成员讨论，或以原型的方式进行用户测试。

概念设计的主要指导原则包括：关注用户本身及其所处的情境；尽可能多地和利益相关者讨论；使用低保真原型快速获取用户的反馈；不断进行迭代，提出的概念设计方案越多越好[2]。

3.1.1 故事板设计

故事板（Story Board）是一种常和情境设计法结合使用的低保真度原型设计方法。故事板通常由一系列描述用户如何使用已开发系统进行工作的草图所构成。具体的形式可以是描述用户界面的系统屏幕草图，也可以是描述如何使用系统执行工作的情境草图。当故事板和情境设计法结合使用时，故事板提供了比文字形式更多的细节，并提供了借助草图进行角色扮演，按照预设情境中的步骤逐步展示原型交互流程的机会。图 3.1 为一个故事板的设计案例，描绘了一位用户使用智能手环享受旅游服务的各个应用场景和交互流程。

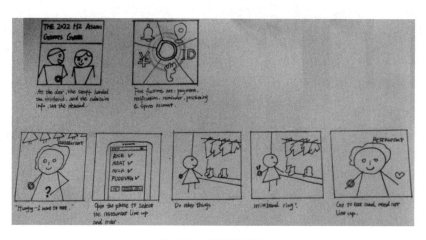

图 3.1　故事板示例

3.1.2　草图设计

低保真度的原型通常基于草图来实现,因此其效果取决于绘画的品质和逼真程度。但是基本的草图绘制技法是可以自学的,设计人员针对自己想要使用的对象、符号或标

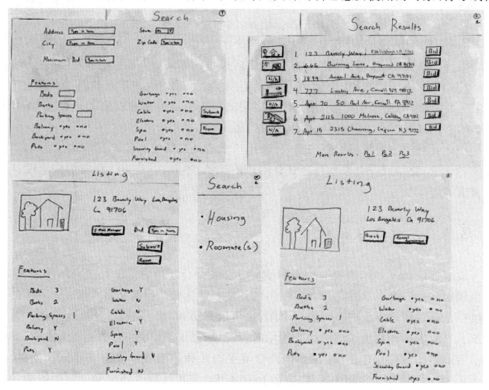

图 3.2　草图设计示例

志,例如盒子、星星之类的物件,练习草图的绘制并在原型中使用它们。在故事板的草图设计中,会用到一些素材,例如人物、电脑零件、桌子、书本等事物,以及给予、寻找、传送和写字等行为[3]。如果要绘制用户界面的草图,就需要画出各种界面组件,例如对话框等,如图 3.2 的样例所示。

3.2　交互设计

设计领域非常广泛,例如平面设计、建筑设计、工业设计、软件设计等,每种专业都有其对"设计"的解释。了解"设计"的一般性定义,将有助于理解交互设计的实质。牛津英语字典(Oxford English Dictionary)对设计的定义是:"(设计是)一种揭示内心及想得到某种结果的计划或方案"。因此设计过程就是和计划或方案有关的专业行为。为了达成计划目标,相关的用途及领域知识是有必要的,其中还包含实际条件,如材料、价格及用途等限制。例如,在制订一条能克服堵车问题的多层高架道路建设计划时,在计划执行之前,必须先考虑驾驶人对使用这类建筑物的态度、该结构的可行性、工程限制对功能的影响及成本考量。

在交互设计上,把以用户为中心的设计理念(User Centered Design,UCD)纳入设计过程,并以此设计其实际用途和目标领域。下文主要对交互设计中的信息架构和用户界面设计进行介绍。

3.2.1　信息架构

信息架构设计的目的是将若干信息有机地组织在一起,使用户能够容易地查询所需要的信息。人们在现实生活中经常要把信息按照一定的逻辑关系组织起来。例如,在超市里,成千上万种不同的商品根据其用途、存储温度要求等被分类放在货架上以便顾客寻找。又例如,一个软件的功能被分类组织为金字塔的菜单系统,以供用户使用等。显而易见,这些分类的合理性将会直接影响用户查寻的效率。在网站等交互系统的设计中,信息架构的设计尤其重要。网站的信息量是没有限制的,而网站的用户也可能多达以百万计并且来自世界各地。网站的信息架构只有与大多数用户的期望与习惯相符,才能方便用户使用,吸引网民经常访问。

在很多情况下,人们根据自己的经验和需要对信息分类而不与其他人进行讨论。当然,如果对信息分类的人是这些信息的唯一用户,那么任何方便于用户的分类就是最优分类,例如个人计算机上的文件夹等。但是在其他情况下,如果设计人员在信息分类之后设计出的产品为很多人所应用,如网站或软件菜单等,则设计人员就应当在信息架构的设计过程中与用户沟通,以获取和分析用户的期望。认为自己能够预见用户群体的习惯会经常导致设计的不可用性问题。

设计人员在信息架构设计过程中可以采用用户访谈法、集体讨论法等常规的市场研究或可用性评估方法与用户沟通。由于这些研究方法大多是定性的，设计人员经常难以对研究结果进行准确、系统的归纳整理，而只能获得对用户期望的一个总体的理解和印象。卡片分类(Card Sorting)和聚类分析法(Cluster Analysis)是定量的信息分析方法。利用卡片分类试验可以系统地采集大量用户对信息架构的期望，将这些用户的期望通过相关分类分析法进行定量处理，最后以树状图等形式表达出来供设计人员参考。

3.2.2　用户界面设计

在研究了用户的特征和任务之后，用户界面设计人员所面临的问题是：如何设计用户界面和系统以有效地帮助用户完成他们的任务？经过长时间的实践探索，人们总结出了很多用户界面设计的方法，并开发了多种工具。这些不同的方法和工具往往可以有效地用于不同产品在不同阶段的设计。用户界面的设计没有一个固定的公式，也不存在某种可以将用户任务分析的结果直接转化为成功的用户界面设计的"超级方法"。所有的方法和工具只是为设计工作提供各个方面的指导，而不能直接决定设计的结果。由于用户界面设计中包括技术、艺术和人文社会科学等各方面的因素，所以没有一种方法能够完全反映这些设计因素的复杂性。在具体实践中，运用任何设计方法时都应当以一种开放的态度随时准备处理各种特殊的问题。在很多情况下，一个设计的成功与否只能通过用户的实际使用情况得到评判。

各种用户界面的设计方法和工具可以分为两类。一类贯穿整个设计过程，而另一类只针对某一个特定问题。设计方法中的每一个过程的完成往往需要某些设计工具的帮助。同时，这些设计工具又往往可以应用在若干个不同的设计阶段。具体的用户界面设计方法和工具，将在下一节相关部分进行介绍。

3.3　原型系统

通常用户说不出来他们想要的是什么，但当他们看到具体的交互系统，并使用过后，很快地就知道他们不想要什么。在实践中收集用户反馈，并了解系统应具备和不应具备的功能后，需要通过制作原型系统(通常需要有数个版本)来验证设计人员的构想，迭代设计和反复测试的次数越多，结果就越理想。

原型(Prototype)可以是房屋或桥梁的建筑模型，或是一套功能完善的软件；也可以是屏幕草图、三维空间的草图，或者是计算机显示屏上的图片、一项工作任务的视频模拟、整个工作站的纸面模型等。事实上，原型可以是任何以书面为主的故事板、复杂的软件，也可以是纸面草图，或一个金属冲压件。一个原型能让用户想象与产品的阶段性互动，从真实环境中取得某些使用经验，并发掘出想象中的用途。

例如，在 PalmPilot(由当时美国公司 Palm Inc 生产的第二代 Palm PDA 设备，如

图 3.3 所示)的设计与开发过程中,该公司创始人 Jeff Hawkin 以木头雕塑出尺寸相仿和外形相似的模型,并常把这个模型带在身边,并假装用它输入数据,以便于理解拥有此产品的情境和感觉[4]。这是一个典型的原型应用案例,虽然简单,却能达到模拟真实使用情境的目的。

图 3.3　带触笔的 PalmPilot①

在 Ehn 和 Kyng[5] 的研究中,他们使用一个贴有"桌面型激光打印机"标签的纸箱,作为打印机的草模。假的打印机并未影响到他们的研究设定,重点在于预设的用户,例如记者或打字员,可以体验并想象桌上放置了这样一部机器的情形。这种原型虽然看起来似乎有些不真实,但在 1982 年进行研究时,桌面型激光打印机仍十分昂贵,且通常不会在办公室出现。

所以可以说原型是一种有限制的设计再现(Representation),让用户与产品进行互动并探索其使用性。

3.3.1　原型分类

原型按照精细和逼真程度来分,可分为低保真原型和高保真原型。具体介绍如下:

1. 低保真原型

低保真原型制作看起来不像最终产品,例如使用纸张或硬纸板,这与真实的电脑或移动设备所用的金属材料有很大的差异。上文提及的用木头做的 PalmPilot 原型以及纸箱做的激光打印机,都属于低保真原型。

---

① 　https://en.wikipedia.org/wiki/PalmPilot

这种原型的优点在于成本低廉、结构简单，且能快速制作完成，也意味着可以做简单、便宜而又迅速的修正，以便支持设计构思的迭代优化，这在早期研发阶段，例如在进行概念设计时尤为有用，因为用来启发概念设计的原型应该要弹性化、能激发灵感，而非阻碍探索与修改。低保真原型通常不会与最终的产品保持一致，仅用于发掘及深入探讨概念设计方案中存在的问题。

2. 高保真原型

高保真原型通常使用与最终产品相同的材料，并且看起来与最终成果极为相似，例如以 Visual Basic 编程软件开发的原型系统，就比以纸张为主的草图原型更为真实；以模具成型、拥有塑胶键盘的 PalmPilot 高保真模型，就比木制的原型更逼真。

然而，Marc Ret[2] 就主张尽量使用低保真原型，因为高保真原型存在如下一些缺点：

(1) 制作过程花费的时间过长；

(2) 评估人员倾向于对原型的表面而非对内容提出修改意见；

(3) 研发人员会不情愿修改高保真原型，因为他们付出了太多的努力；

(4) 人们易于过高估计高保真原型系统的价值；

(5) 在高保真原型的测试中，通常一个小问题就会导致测试终止。

高保真原型在推销设计构思，以及用于评估时是十分有用的；而纸面原型等低保真原型，则在发现问题以及修改系统内容与结构时较为灵活。这两种原型进一步的优缺点对比如表 3.1 所示，在实际应用中可以根据需要，在不同的研发阶段选择使用不同种类的原型。

表 3.1　高保真原型与低保真原型优缺点比较

形式	优点	缺点
低保真原型	• 开发成本低 • 可评估多种概念设计方案 • 便于团队成员之间对设计方案进行交流 • 有效揭示用户界面布局问题 • 有助于确认市场需求 • 易于快速验证设计构思	• 在发现设计缺陷方面存在不足 • 缺少用于实际编程的具体规范 • 以装置的展示为导向 • 对设计需求的验证支持不够 • 对可用性测试的支持不够 • 对导航和信息流的支持不够
高保真原型	• 功能性完整 • 具有良好的交互性 • 以用户的实际使用为导向 • 能清楚地定义导航机制 • 便于验证与测试 • 易于展示最终方案 • 成为逼真的样例与规范 • 成为市场与销售人员的工具	• 开发成本更高 • 制作过程花费的时间更长 • 对概念设计的验证不足 • 在搜集用户需求方面效果不好

3.3.2 原型制作流程与工具

1. 原型制作流程

一旦完整的设计需求确定后,即可开始进行具体的设计活动。设计方案需要经过持续的迭代改进,经由设计—评估—再设计的反复循环,以进一步验证用户的需求是否得到满足,而原型的制作和修改则是这一过程的主要部分。原型制作的一般流程如图3.4所示。

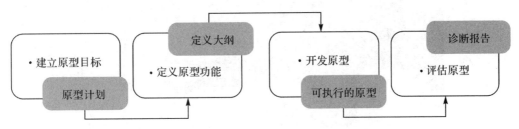

图 3.4　原型制作流程参考[10]

2. 实物型原型开发工具

面向实物的原型开发技术和工具的范围十分广泛。因为不涉及软件编程,通常被认为是挖掘设计灵感的工具,用于快速的原型开发,主要开发工具包括基于纸和笔的草图、三维实物模型等:

(1)纸和笔。最快速的原型形式只需要用到笔、纸张、透明胶带和便利贴等,用它们就可以代表交互式系统的各个方面[6]。通过用户和系统的角色扮演,在短时间内,设计师可以快速找到关于各种不同布局和交互功能的灵感。

(2)实物模型。建筑师使用实物模型或缩放的原型对未建成的建筑物提供三维演示。实物模型对交互设计师也很有用,帮助他们超越在纸上绘制的二维图像和透明胶片[7]。模型一般由纸板、泡沫芯或其他材料制成。图3.5是一个实物模型的例子:一个手持交互设备模型,这个模型对现实生活中的交互方式,以及屏幕显示等问题进行了深刻的揭示。

3. 数字化原型开发工具

近年来,随着计算机辅助设计技术和应用的普及,越来越多的数字化原型开发工具得到了应用和推广。目前主流的开发工具包括以下几种:

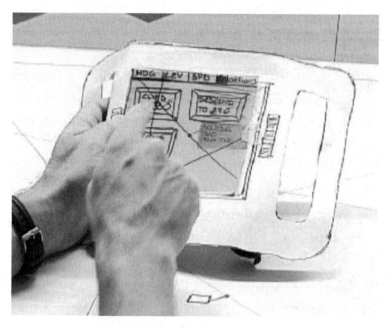

图 3.5　手持交互设备的实物模型示例[11]

（1）Axure[①]。Axure RP Pro（如图 3.6 所示）在用户体验设计（UX Design）领域十分著名，它是在功能形式上最容易理解的原型开发工具之一。网页设计师、用户体验设计师等设计人员用它制作可点击的线框图、用户工作流图和站点地图以及交互式原型。它允许添加交互功能，创建主页并使用 Widget 库中的现成组件，构建复杂的交互式原型。虽然一些复杂交互功能的实现需要使用一些编程知识，但大部分交互效果都可以由设计师来完成。

（2）Balsamiq Mockups[②]。Balsamiq Mockups（如图 3.7 所示）是一种制作线框图原型的快速开发工具。它看起来是利用电脑作为媒介在白板上绘画。在 Balsamiq 中创建的线框图属于低保真原型，类似于手绘草图。该工具拥有丰富的 UI 元素库，对于非设计背景的开发人员来说，Balsamiq 可用于快速创建简单的静态线框图。

（3）Sketch[③]。Sketch 是最广为人知的原型开发工具之一（如图 3.8 所示）。Sketch 主要用于 Mac OS X 用户设计界面、网站和图标的设计。它在许多地方与 Photoshop 相似，允许编辑和处理照片，但比 Photoshop 更容易使用。Sketch 的矢量形状编辑功能很容易适应不断变化的风格、大小和布局，可以避免很多痛苦的手工调整。可以使用 Sketch Mirror 在设备上进行效果预览。

---

①　https://www.axure.com/

②　https://balsamiq.com/products/mockups/

③　https://www.sketchapp.com/

图 3.6　原型开发工具 Axure

图 3.7　原型开发工具 Balsamiq Mockups

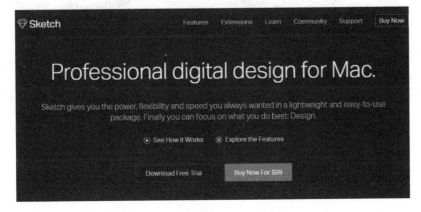

图 3.8　原型开发工具 Sketch

3.3.3 纸面原型开发

广义上来说,纸面原型可用于头脑风暴、设计构思、方案实施、用户界面展示与原型测试等方面。纸面原型技术与平台无关,可用于网站、Web 应用程序、桌面软件、手持设备,甚至是硬件,任何具有用户界面的系统都是纸面原型制作的潜在对象。纸面原型是用于可用性测试的一个变体,通过代表性用户在纸张界面上执行实际的任务,来替代用户实际的操作过程。

纸面原型的开发过程简介如下:首先由产品研发团队选择用户类型,以代表用户界面最重要的受众;接着确定期望用户执行的典型的任务;然后制作所有的用户界面屏幕截图,以及手绘执行这些任务需要的窗口、菜单、对话框、页面、弹出消息框、数据显示等。图 3.9 是一个手绘纸面原型屏幕的示例。另外需要注意的是,由于纸面原型属于低保真原型,所以通常没有必要将纸面原型制作成一个类似最终版本且非常逼真的用户界面[8]。

图 3.9 应用程序纸面原型示例

此外,要注意区分样稿(Comps)、线框图(Wireframes)、故事板(Storyboards)和纸面原型的区别,通常这些技术容易和纸面原型混淆。这些技术在交互设计中也是有用的,虽然它们都可以转化成纸面原型,但它们本身不是真正的纸面原型。图 3.10 和 3.11 分别为样稿、线框图的示例,注意与纸面原型进行区别。

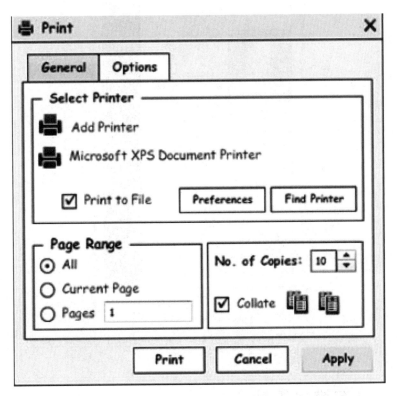

图 3.10　样稿示例

样稿用于探索不同的布局、图形和视觉强化效果。一些样稿会使用象征性的无意义文字来表示实际文本和链接。而线框图则更强调信息架构和界面布局,通常也会用示意性的方框和无意义的文本代替实际的图片、文字等,目的在于明确这些图片和文字所占据的位置、大小和相互关系。

图 3.11　线框图示例（经常由无意义的文本临时替代实际内容）

3.4　交互模式设计

交互模式通常表示用户与系统交互时所引起的特定行为。主要有两种交互模式：基于活动的交互和基于物体的交互。

基于活动的交互模式一般包括四种：指示、对话、操作与引导、探索与浏览。最适合当前设计的交互模式需要由应用领域及系统的具体种类而定。例如在电脑游戏中最适合操作与引导模式，而绘图程序则适合使用指示及对话模式。

基于物体的交互模式则以真实世界的事物架构为基础。例如共享日程系统就属于一种电子版本的日历，可以放在每个人的桌上或袋子里，或者可以想象成一种大型的计划图表，被张贴在办公室的墙上。对任何一种事物选项的选择，都可作为用户界面设计隐喻的依据[9]。

多数系统会融合多种交互模式，会在不同的交互部分采用不同的交互模式，这在实际应用中也是很有必要的。以共享日程系统为例,用户的典型任务之一就是查询特定日期将要发生的活动,在这种情况下,基于指示模式的交互界面设计就更为合适,因为系统无需将相关信息以对话的方式呈现。另外,在安排多人会议的任务中,基于对话模式的交互设计就更为合适,因为当用户从选择参与会议的人选开始,到设定开会时间、会议持续时间、会议紧急性等条件,整个过程更符合对话流程。

参考文献

[1] Beyer H, Holtzblatt K. Contextual Design[M]. San Francisco:Morgan Kauffman,1988.

[2] Rettig M. Prototyping for tiny fingers[J]. Communications of the ACM,1994,37(4):21-27.

[3] Verplank B. Tutorial notes[C]//Proceedings of CHI'89,New York:ACM Press,1989.

[4] Bergman E. Designing the PalmPilot:a conversation with Rob Haitani[M]//Information Appliances and Beyond:Interaction Design for Consumer Products. San Francisco:Morgan Kaufmann,2000:81-102.

[5] Ehn P, Kyng M. Cardboard Computers:Mocking-it-up or Hands-on the Future[M]//Greenbaum J, Kyng M. Design at Work. L. Erlbaum Associates Inc.,1991:169-196.

[6] Muller M J. PICTIVE—an exploration in participatory design[C]//Proceedings of the SIGCHI conference on Human factors in computing systems. ACM,1991:225-231.

[7] Bødker S, Greenbaum J, Kyng M. Setting the stage for design as action[M]// Greenbaum J, Kyng M. Design at Work. L. Erlbaum Associates Inc.,1991:139-154.

[8] 陈建雄. 互动设计:跨越人—电脑互动[M]. 台北:全华图书股份有限公司,2009.

[9] 董建明,傅利民,饶培伦. 人机交互:以用户为中心的设计和评估[M]. 北京:清华大学出版社,2003.

[10] Keronen A, Myllyaho M, Alatalo P, et al. Experimental development of a prototype for mobile environmental information systems (MEIS)[J]. Product Focused Software Process Improvement,2004:442-456.

[11] Beaudouin-Lafon M, Mackay W. Prototyping tools and techniques[J]. Human Computer Interaction-Development Process,2003:122-142.

思考题

1.卡片分类法的优点是什么?

2.原型按照精细程度来分可以分为哪几种?

3.纸面原型是什么?

4.故事板属于纸面原型吗?

5.低保真原型和高保真原型各有什么优缺点?

第**4**章

移动设备交互

4.1 移动设备交互基础

移动互联网时代,移动设备及其相关服务越来越多样化。根据所提供的功能类型来定义移动设备:允许用户随身携带,可以随时处理信息的轻便设备,并且可以通过较小的屏幕进行人机交互。在体育运动领域,移动设备可以记录用户的运动状态和运动量。在医疗领域,移动设备可以随时监控用户的生命体征。在商业领域,移动设备可以为商业交易服务设备,实现收付款。在智能家居领域,移动设备可以与家用电器进行关联,作为家电的遥控器。

虽然移动设备的发展时间比较短,但是到目前为止,移动设备的拥有量已经大大超过了个人电脑的拥有量。因此成功的移动设备开发与交互设计技巧越来越受到青睐。

本章重点介绍用户与移动设备之间的人机交互。交互设计理论对于人机交互(HCI)和相关行业的长期发展有着重要的作用。过去几十年,在研究人员和从业者的努力下,相关的方法、工具和技术得到快速发展,促进了设计人员对用户需求的挖掘,并以有效和高效的方式开发出相应的交互系统。

4.1.1 移动设备交互设计

在 19 世纪,移动打字器非常受欢迎,它相当于早期的笔记本电脑(如图 4.1 所示)。打字器提供了一个倾斜的平面,用于放置一张纸,并提供可以容纳墨水的笔。这种设备具有广泛的应用场景,且容易携带,方便人们在旅行途中书写信件。

传统的交互设计方法注重功能的展现,目标是使用户能够便捷地使用功能。目前的交互设计理念延伸了传统方法,并更进一步地关注诗意的"客户体验",而不是简单地只追求"易于使用"。从移动设备交互设计的视角出发,本节将介绍如何利用先进的交互设计理念,将更加智能和更加有创意的移动设备展示给数十亿的潜在用户,为他们提供未来能够改变世界的产品和服务,让他们从中感受到惬意或激情。

图 4.1　打字器[1]

　　本书中的移动设备重点是手持式的小屏幕设备,如掌上电脑、个人数字助理(Personal Digital Assistant,PDA)和手机。然而,许多问题和构思仍然与大屏幕设备(如平板电脑)相关,只是随着技术的发展,屏幕尺寸开始越来越小。同时,这也让我们更加关注移动设备信息的输入和输出问题:移动设备由于受到屏幕面积小等硬件条件的限制,给交互带来了挑战。因此,不仅要考虑硬件本身的限制,更要以用户为中心去考虑交互设计。

　　移动设备的交互技术发展迅速,并且正在试图更好地利用人类的听觉和触觉(触摸和运动感知)能力[1]。例如,用户可以利用手或眼睛的动作来表达系统的输入和输出。通过提供更加自然的沟通方式,让用户与计算机系统进行交互。用户可以利用许多方式感知和表达自己的意图,而且需要更适合移动设备实际应用需求的交互方式。

4.1.2　触觉界面

　　当用手指滑过一本书的页面时,会感觉到页面随着手指移动,这样的动作甚至还能感觉到部分来自空气或书页的阻力。研究人员越来越有兴趣去开发基于人类触觉感知的交互形式。手机长期以来具有非常简单的触觉界面,例如"振动"。可以将手机设置为"振动模式",为用户提供谨慎的消息通知,而这种通知方式并不会打扰到用户的工作。另外,长按手机屏幕的某处,手指可以感受到振动刺激,大多数手机已经实现了该功能。这种刺激可以在用户想要移动屏幕中的应用程序时,提供基于触觉的反馈。

　　触觉反馈不仅利用振动来通知用户是否有电话打入,还能利用振动传达更为复杂的信息。例如,通过改变振动的节奏、强度来表示呼叫者是谁或呼叫的紧急性;在任务快要完成时,通过触屏发出振动的短脉冲;扑克游戏洗纸牌时的声音用触觉反馈替代;在用户利用移动设备查看地图时,可以通过播放声音来模拟地图纸张的移动,并且在地图到达边缘时,在屏幕上产生一个划痕一样的触觉感受。

基于振动和力反馈模式的交互将在移动设备本身中迅速普及起来。例如,可以通过扭曲和弯曲移动设备本身来表达用户的需求:可以用双手抓住一个显示屏的两侧,通过向上和向下弯曲,来控制地图或文档的缩放。另外,针对两侧都有触摸板的显示屏而言,用户通过挤压触摸板,也可以模拟屏幕的弯曲运动。

4.1.3 听觉界面

听音乐时,大多数人都能够准确区分所听到音符的强度、音高、持续时间,以及音色的微妙变化。利用这个特点,研究人员开始探索使用人类的听觉来增强用户体验,尤其是在移动设备上向用户提供反馈时。从交互设计的角度来看,基于听觉的输入和输出对用户也非常具有吸引力。例如,给手机的不同按键设置不同声音,这种声音的组合可以非常悦耳,虽然用户可能更倾向于静音的按键;随着语音合成技术的发展,将文字翻译成语音已经是一项比较成熟的技术,可以用不同的声音来向用户传达信息,比如合成一些明星的语音。不仅如此,由于口头表达与文本表达存在差异,也可以尝试用更加人性化的语音来播报信息,增强用户体验。

对于大多数用户而言,最具表现力的交互方式是传达声音和语言。因此,有必要探索有效的方法使用户能够使用语音识别技术与设备进行通话,并通过设备的语音合成器进行口语化的输出。虽然目前语音识别可以产生相当高质量的结果,并且可以在桌面电脑上相当稳健地运行,但是,在移动设备上进行各种输入输出等交互,仍旧面临着一定的挑战。

随着语音识别技术的发展,无论是在 PC 上还是在移动设备上,都集成了语音控制功能,例如用语音来控制手机逐渐成为移动设备的必备功能。在很多交互场景中,人们希望解放双手,通过声音来对移动设备进行交互控制,取代触摸或按键等操作,实现更快捷和更舒适的人机交互。

4.1.4 内容显示设计

为了方便用户在小屏幕中浏览和查找信息,设计人员需要考虑信息内容的布局方式和呈现原则。关于信息内容的显示设计,可以从以下几个方面进行考虑:

(1)概述。概述有助于用户快速掌握尽可能多的内容,从而使用户可以快速评估该内容可能带给他们的价值。用户不必访问全部内容,可以避免徒劳地花时间浏览可能并不是自己需要的内容。

(2)文字表达风格。用户在屏幕上的阅读方式与在纸上的阅读方式不同,在屏幕上阅读时,信息内容需要尽量简洁,对于小屏幕更需要这样。对信息内容的关键点进行摘要和总结是很有必要的。

(3)阅读方式。在屏幕上阅读时,用户更倾向于快速浏览,会试图去确定信息的要点,评估信息与自己需求的相关性,并搜索感兴趣的内容。将信息内容分层构建,以及使用特殊字体或加粗效果来突出显示重要内容,提高阅读效率。

(4)访问方式。需要考虑信息内容被访问的方式。比如使用导航栏,可以让用户有目的地寻找他们需要的内容;提供一个列表,用户可以通过点击深入了解更详细的内容。

4.2 移动设备交互应用开发

4.2.1 概述

本节主要针对移动设备,介绍常见的交互设计方法和过程。移动设备的交互应用开发不是简单地向用户提供交互式的设施和服务,而要建立技术和用户在广泛应用场景下的紧密联系。这些涉及三个主要的方面:

(1)用户需求。在具体的应用情境下,了解用户的需求和行为习惯,有助于设计师进行更好的设计。

(2)原型设计与开发。开发出原型系统去展现交互设计,并对原型系统进行讨论和修改。

(3)评估。对原型系统进行评估,了解设计方案的优缺点,是完成最佳设计目标的必需过程。还可以引导设计团队提出不同方案,甚至抛弃目前的设计思路,从根本上解决关键问题。

4.2.2 用户需求

了解用户需求可以从认知心理学的角度出发,在科学的基础上去理解人类如何处理信息和作出反馈。认知心理学家已经研究了许多与系统设计方面相关的理论,如视觉处理、人类记忆和学习过程。

向用户提供高质量的个性化服务,需要及时、准确获取用户需求。用户需求获取技术源自用户建模技术(参见 2.1 节相关内容)。随着互联网用户数量的急剧增加,用户建模技术开始应用于互联网领域的个性化服务研究。如何有效地结合机器学习、数据挖掘等日益成熟的人工智能技术,构建适应性和准确性更强的用户模型,成为个性化服务技术研究领域的研究热点之一。

移动设备的用户需求获取技术是指在复杂、融合、协作、泛在的移动网络环境下,通过跟踪、学习用户的兴趣、偏好以及性格特征等信息,实时、准确地发现不同用户对移动网络各种服务的需求,并对其变化做出调整。用户需求由客观条件决定,用户偏好或用户兴趣是在其心理导向下由客观需求状态所激发的。用户有时不一定对自己的客观需求有很准确的把握,甚至可能会产生错误的理解。用户偏好或用户兴趣不断刺激用户思维,从而使用户需求的主观状态和客观状态趋于一致。

移动设备用户需求获取技术主要具有以下几个特点[2]:

(1)用户识别性。移动设备终端具有个人化、私有化等特点,这使得移动设备用户具有更为明确、真实可靠的用户标识,并方便从个人档案层面对移动设备用户进行刻画。例如,移动设备用户的人口统计学数据通常由用户在注册入网时填写;也可以根据一些机器学习或者数据挖掘技术推理获取,例如在用户授权许可范围内,可以通过用户身份证信息获取其籍贯信息、通过用户购买行为预测其收入信息、通过移动社交网络挖掘用户的工作或教育背景等。此外,还可以通过其他方式获取移动设备用户的其他信息,例如通过移动通信基站获取用户地理位置信息或者用户运动轨迹,利用机器学习和数据挖掘技术分析移动通信网中的用户行为来提取用户属性特征[3]。

(2)上下文感知。移动网络环境下,用户需求受上下文影响更加明显。例如,用户"在乘坐地铁"时喜欢在手机上浏览新闻,而在"休息"时则喜欢在手机上玩游戏[4]。

(3)用户需求动态化。用户的移动性、设备终端的移动性,使得用户需求会随着上下文(例如位置、陪同人员等)的改变而改变。此外,随着时间的推移,用户需求也会阶段性地发生变化。因此,移动设备用户需求的获取技术是一个动态变化、不断调整和更新的过程[5]。

(4)实时性。移动设备个性化服务对实时性要求较高。例如,根据移动设备用户当前位置和用户偏好向其推送该区域内购物中心的广告等[6]。因此,实时、准确地获取移动设备用户的需求尤其重要。

4.2.3 原型设计

在移动设备原型设计过程的每个步骤中,都需要考虑移动设备的创新概念、详细规范等方面的因素,而这些则会构成很多不同的设计方案。但是,如果要将设备的功能、输出信息等完美地呈现给用户,许多潜在的设计方案最终实现的效果都不尽如人意。因此,研究这种有着巨大设计空间的交互系统存在较大的挑战性。

设计过程节奏快,但同时也需要对设计空间进行管理。有一种很好的管理设计空间的方法,就是设计人员常常记录设计灵感,并采用类似亲和图的方法(参见 2.2.1 节相关内容)进行观察与分析,从而有利于融合各种设计思路,获得完美的设计方案。进一步,可以通过原型系统对设计思路进行快速验证,评估设计方案中所对应的应用场景、人物角色和系统功能是否真实反映了设计人员的思路,系统功能是否满足用户的需求,是否能不断得到正确的使用。

对于移动设备的原型系统设计方法而言,还有一种方法是借鉴过去的经验。目前已有很多针对原型系统的有效设计方法,虽然大多数面向非移动设备,但仍然可以适用于移动设备,尤其是其中的设计理念或原则,将有助于设计人员思考移动服务的用户需求和这些服务的应用方式。

绘制草图可以帮助设计人员对设计概念进行快速验证。因此,基于草图的低保真原型系统(参见 3.3 节相关内容),例如纸面原型,常常被用于制作前期的原型系统,这种原型主要是利用铅笔在纸张上画出用户界面,如图 4.2 所示。

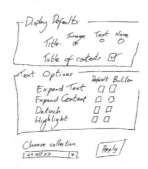

图 4.2　在纸张上绘制用户界面[1]

图 4.3 是一个基于手机的移动数字图书馆的纸面原型系统,包含了用户与系统进行交互的关键界面组件,例如,提供反馈信息的警示灯和显示器等。设计人员可以随时调整界面组件在屏幕中的位置,来观察不同的界面效果。

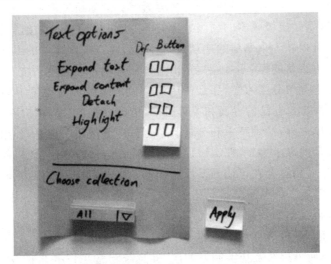

图 4.3　移动手机数字图书馆的纸面原型系统[1]

此外,对于程序员来说,还可以通过编程工具或其他原型系统开发软件和创建用户界面框架,制作高保真原型系统(参见 3.3 节相关内容)。

4.3 案例研究

4.3.1 案例 1: 菜单设计

摩托罗拉在 1984 年发布了首款商用手机,手机上有数字键和一组按钮(硬件按钮),这些按钮可以直接访问手机上相应的功能,例如设置音量、关机等。随着手机功能的增加,有限数量的按钮就无法满足需求了。因此需要去寻求一种替代解决方案,这就是软件界面上的菜单。使用菜单,用户可以看到所有可用的选项,而且菜单易于识别和使用。然而,在小屏幕上显示菜单也会导致很多问题,例如受到屏幕尺寸的限制,当菜单项逐渐增多时,将迫使用户频繁滚动屏幕,降低用户操作效率。

克服菜单长度问题的方法之一,就是使用级联菜单,即在母菜单选项中扩展出新的一组菜单。但级联菜单也会给用户带来新的负担,例如,迫使用户在二维导航结构中去记住菜单项的位置,这样易超出短时记忆的容量[7]。然而研究表明,如果用户熟悉了级联菜单的结构,特别是层级较少的两级菜单,用户也可以快速搜索到菜单项。另外,通过改进菜单分类可以减少菜单项的搜索时间,因此,可以按照用户的习惯对菜单进行分类和布局。但不可否认的是,不可能制定出适合所有用户的菜单系统。当然,一旦用户掌握了一个特定的菜单分类习惯,那么使用该菜单系统就会变得更容易。目前市场上 Android 和 IOS 都有着自己的界面和菜单风格,也拥有着各自的用户群。

除了级联菜单之外,滚动菜单和分页菜单也被广泛使用。但是,如果滚动菜单的数量超过了手机屏幕的显示容量,那么增加的滚动操作会使效率降低[8];并且由于移动设备的显示屏幕较小,用户会在可能的操作路径上做出很多错误选择,从而在滚动方式的菜单上浪费更多时间[9]。分页菜单是指将菜单排列在不同的页面上,用户先搜索页面,再选择菜单。分页菜单的效率介于级联菜单和滚动菜单之间。

如上所述,针对手机等移动设备的菜单设计总结出以下三个原则[10]:

(1)级联菜单所分层级数应控制在两层,并且统一常见任务名称及分类方法,为深层菜单提供线索,使用户能够容易地通过最佳路径完成任务;

(2)考虑用户个人喜好或操作绩效等方面的因素,酌情选择级联或分页菜单;

(3)避免使用拖动式的滚动菜单。

4.3.2 案例 2: 图标设计

智能手机等移动设备上的应用程序日益丰富,在图形用户界面上以各种图标的形式呈现在用户面前。最初,图标被用在桌面系统中,对操作系统中的某种对象或功能进行可视化,例如表示文档、文件夹的图标。在菜单中通常使用图标来辅助和替换文本描述,当然纯文本的替换是比较罕见的,因为很少有图标能够明确表示某种功能。更常见的是,图标和文本在菜单中一起被使用,用以增强相应功能的描述。但是,移动设备用户界面的图标与桌面计算机用户界面的图标也存在不同,例如,智能手机屏幕的面积有限,但屏幕分辨率往往较高,使用时与人眼的距离更近。此外,对于触摸屏手机而言,图标还兼具按钮功能。针对图标的研究主要集中在用户对图标的认知心理方面,涉及视觉搜索、用户偏好等[11]。

(1)图标的大小形状对其可视性有较大的影响[12]。对于可视性,首先要求被视物对于注视者而言能区别于环境、清晰可见,其形状、颜色、图案等信息容易被辨识;其次还要求被视物的意义表达明确,不会产生歧义或其他理解与识记上的不确定性。格式塔心理学的研究揭示了人类知觉倾向于把结构简单、连续、对称的部分看成一个整体(参见 1.3 节相关内容)。容易辨识的手机图标也应该具有这些特征:形状简单,轮廓连续,整体对称。和圆形、椭圆形、正方形、圆角正方形等形状的图标对比,其他形状奇特的图标的可视性显然要差一些。各种形状的图标中,尤以圆角正方形的手机图标最为常见,其不仅具有易于辨识的简单、连续、对称的形状,而且较之正方形轮廓更连续、柔美,较之圆形则有更大的图标面积。不同形状图标的可视性对比如图 4.4 所示。

图 4.4 不同形状图标可视性对比[12]

当图标上的图案、符号本身为较复杂的形体时,为了增强图标设计的整体性和可视性,经常会在一个固定简单形状(如圆角正方形),且中性色、低饱和度的较大背景图标中,包含一个与背景色对比较强烈的稍小的图形符号。这样不仅保证了一个统一的轮廓外形,增强了图标的可视性,又有助于形成整体统一的界面风格,增加图标美感。当然,这种做法并非绝对,有些位于导航栏、工具栏、状态栏等部分的小图标以及一些风格化的图标设计多不遵从这种做法。

(2)美观的图标更易被理解。不可否认,对于手机图标的设计,形式的美感不仅给用户在使用过程中带来愉悦,也提升了使用效率。这源自于人类的情绪、情感变化以及由此带来的心理反应。情绪和情感是人类心理活动的组织者,它们可以改变人脑解决问题的方式和认知系统的运行过程,有助于促成知觉选择、监视信息移动、影响工作记忆与思维活动,从而影响用户的操作行为表现[13]。

一方面,图标在用户界面上的尺寸、数量、形状等,决定了用户界面的整洁、美观等主观用户体验;另一方面,设计合理的图标排列和组合方式,也能缩短用户对图标的搜索时间,提高用户的操作效率。近年来对手机界面图标的研究也越来越多,比如探讨图标的人性化交互设计原则、人机工程和视觉认知原理等。图 4.5 展示了不同手机操作系统下的图标设计。

(a) iPhone 手机图标　　　　(b) Android 手机图标　　　　(c) Windows 手机图标

图 4.5　不同手机操作系统下的图标设计示例[13]

4.3.3　案例 3：界面优化

移动设备的用户界面具有显示区域有限、交互内容被分割成众多部分、布局凌乱和结构复杂等缺点。可以从以下几个方面对界面进行适当优化[14]：

（1）优化导航方法。对导航进行分级归类，将分支和小类以折叠涵盖的方式归集在上一级导航栏中。例如，用户想在手机上打开某个即时通讯类应用软件，在普通的导航方式下，用户需要不断进行翻页，在众多的软件中搜索该应用软件；而将导航进分类之后，用户只需要找到"社交"这一级导航栏，就很容易在第二级导航栏找到该应用软件。此外，移动设备由于受硬件性能限制，动画形式的导航方式往往会造成卡顿现象，因此，应适当将动画导航简化为纯文本导航，提高交互速度。

（2）优化主菜单（Home）按钮。无论是物理按钮还是虚拟按钮，主菜单按钮都将大大简化交互的难度。当用户对交互信息进行点击筛选时，主菜单按钮能保证用户在最短时间内回归桌面（主页面），防止用户在导航中产生迷失。

（3）优化操作容错机制。点击后退按钮可以返回上一级界面，相比之下，撤销按钮的存在能很好地纠正用户的失误操作。用户在进行交互时需要一定的适应过程，而且即便熟悉操作以后，受限于屏幕大小和按键等因素，也很容易产生误操作，而设计撤销按钮则能纠正错误操作[9]。

4.3.4　案例 4：移动学习

移动学习（Mobile Learning）是在远程学习及电子学习的基础上，随着技术的更迭

人机交互概论

渐进而出现的一种新的学习方式[15]。近年来,移动学习已成为学校、企业和社会的关注焦点,人们将移动设备用于教育领域,发挥移动设备即时通信等方面的优势,设计与开发移动学习系统。例如,建立学生和老师的在线交流对话平台;设计短信模式和邮件学习功能。此外,基于上下文感知技术,用户可通过地理位置信息的共享进行搜索,从而调取附近用户的学习资源和学习情况,这不仅能方便用户进行学习资源共享,也能帮助用户找到合适的学习伙伴,形成共同学习的良好氛围。

移动学习的发展包括三个阶段:

(1)基础环境建设阶段。随着无线网络和资源的发展,逐步形成适应移动学习的基础环境。这一阶段的移动学习更加关注学习者时空的拓展,所提供的学习资源主要来自于两个方面:其一,线下资源的线上转移;其二,已有网络学习资源的跨平台整合运用。

(2)知识体系建设阶段。在已有完善的移动环境基础上进行大规模的知识体系构建,完成学习内容内化关联和已有资源的共享兼容,针对不同的学习主题和需求进行分类和定制化应用,从体系化的知识结构中,抽取单个的存在隐性关联的知识单元作为微内容。以信息的数字化技术为基础,使用数字通信技术,运用音频、视频、文字、图像等多种方式,通过新型的、移动便捷的显示终端进行实时互动,以便学习者在零碎化的时间内,充分利用便携的微型化的移动学习工具,获取优质的数字化学习资源,实现有效学习。

(3)学习个体发展阶段。关注学习者的认知能力水平、学习风格、学习策略及认知负荷等多种内部因素的作用,从而为学习者定制个性化的学习内容。

参考文献

[1] Jones M, Marsden G. Mobile Interaction Design[M] Chichester: John Wiley & Sons Ltd, 2005.

[2] 孟祥武,王凡,史艳翠,等. 移动用户需求获取技术及其应用[J]. 软件学报,2014,25(3):439—456.

[3] Kwok R. Phoning in data[J]. Nature, 2009, 458(7241):959.

[4] Adomavicius G, Tuzhilin A. Context-aware recommender systems[M]. US: Springer, 2011.

[5] Pérez I J, Cabrerizo F J, Herrera-Viedma E. A mobile decision support system for dynamic group decision-making problems[J]. IEEE Transactions on Systems, Man, and Cybernetics-Part A: Systems and Humans, 2010, 40(6):1244-1256.

[6] 徐畅. 刍议人机交互设计在手机产品上的应用[J]. 企业技术开发:中旬刊, 2016, 35(4):79—80.

[7] 李东岳. 移动设备中的人机交互设计研究[D]. 上海:华东师范大学,2010.

[8] 刘宇尘. 基于安卓系统的人机交互应用研究[D]. 合肥:中国科学技术大学,2012.

[9] 肖红,郭歌. 多感官人机交互界面的视觉设计原则[J]. 包装工程,2012,33(8):35—37.

[10] 丁玉兰. 人机工程学[M]. 北京:北京理工大学出版社,1991.

［11］张婷婷. 图标认知实验定量研究综述［J］. 艺术与设计（理论），2010（12）:240—242.

［12］滕兆烜，金颂文，甄永亮. 论手机图形用户界面中图标设计可视性［J］. 包装工程，2013，34（4）:66—70.

［13］Eskelinen E L，Schmidt C K，Neu S，et al. Disturbed cholesterol traffic but normal proteolytic function in LAMP-1/LAMP-2 double-deficient fibroblasts［J］. Molecular biology of the cell，2004，15(7):3132-3145.

［14］Lee K B，Grice R A. Developing a new usability testing method for mobile devices［C］// Professional Communication Conference，2004. IPCC 2004. Proceedings. International. 2004:115-127.

［15］李玉斌，张爽. 移动学习的内涵，方式及其对远程教育的意义研究［J］. 现代远程教育研究，2005，(1):30—34.

思考题

1. 请举出 Android 或 IOS 系统中你认为交互设计比较好的地方。
2. 假设你需要开发一个系统，请自选系统功能并设计一份调查问卷。
3. 假设你需要开发一个系统，请自选系统功能并制作部分原型界面或系统。
4. 你认为目前移动设备交互设计中有哪些可以优化的地方，请列举说明。

第 **5** 章

虚拟现实与增强现实交互

5.1 虚拟现实交互

虚拟现实(Virtual Reality,VR),又称灵境技术。它综合利用了计算机图形学、计算机仿真技术、多媒体、人工智能、计算机网络、并行处理和多传感器等方面的技术,模拟人的视觉、听觉、触觉等感觉器官功能,使人能够沉浸在计算机生成的虚拟环境中,并能够通过语言、手势等自然方式与之进行实时交互,创建了一种适人化的多维信息空间。用户不仅能够通过虚拟现实系统感受到在客观物理世界中的真实体验,而且能够突破空间、时间以及其他客观条件的限制,感受到真实世界中无法亲身经历的体验。VR 具有以下三个基本特征:沉浸(Immersion)、交互(Interaction)和想象(Imagination),即通常所说的"3I"[1]。

(1)沉浸感。用户在虚拟现实环境中,借助各类先进的传感器,其所见、所听、所感受到的一切内容都非常逼真,因此他相信这一切都"真实"存在,而且相信自己正处于所感受到的真实环境中。

(2)交互性。用户进入虚拟现实环境后,还可以通过各种交互设备以自然的交互方式对虚拟环境中的物体进行操作、与虚拟人物进行对话。

(3)想象性。虚拟环境的逼真性与实时交互性使用户产生更丰富的联想,它是获取沉浸感的一个必要条件。

沉浸感、交互性和想象性使用户能在虚拟环境中沉浸其中、超越其上、进退自如并自由交互。沉浸感和交互性这两个特征是虚拟现实技术与其他相关技术(如三维动画、科学可视化及多媒体技术等)本质的区别。简而言之,虚拟现实是人机交互内容和交互方式的革新。

虚拟现实系统主要由五个部分组成:①专业图形处理计算机;②输入输出设备;③应用软件系统;④数据库;⑤虚拟现实开发平台[2]。虚拟现实系统架构如图 5.1 所示。虚拟现实引擎和输入输出设备是系统的硬件保障,应用软件系统建立输入输出设备到虚拟场景的映射,数据库完成对虚拟场景中数据的管理与保存。

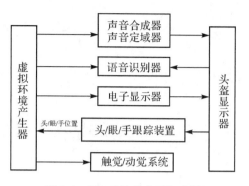

图 5.1　VR 系统的主要组成[3]

5.1.1　虚拟现实发展与现状

VR 并不是近几年才出现的全新技术，在 1935 年，小说家 Stanley Weinbaum 写了一部小说，里面以眼镜为基础，涉及视觉、嗅觉、触觉等全方位沉浸式体验的虚拟现实概念，这是虚拟现实概念首次被提出。从世界上第一台虚拟现实设备于 20 世纪 60 年代问世开始，迄今虚拟现实的发展大致经历了以下四个阶段[1]：

第一阶段是 20 世纪 50 年代到 70 年代，即虚拟现实的探索阶段。1965 年，Sutherland 首次提出了包括具有交互图形显示、力反馈设备以及声音提示的虚拟现实系统的基本思想。从此，人们正式开始了对虚拟现实系统的研究和探索历程。随后的 1966 年，麻省理工学院的林肯实验室正式开始了头盔显示器（Head Mounted Display，HMD）的研制工作。在第一个 HMD 样机完成不久，研究人员又把模拟力量和触觉的力反馈装置加入到这个系统中。1968 年，出现了第一个功能较为齐全的 HMD 系统。

第二阶段是 20 世纪 80 年代初到 80 年代中期，即虚拟现实技术基本概念的形成和实际应用阶段。基于 60 年代以来所取得的一系列成就，美国的 Jaron Lanier 在 80 年代末正式提出了"Virtual Reality"一词。同时美国国家航空航天局（NASA）及美国国防部组织了一系列有关虚拟现实技术的研究，并取得了令人瞩目的成果，从而引起了人们对虚拟现实技术的广泛关注。1984 年，NASA Ames 研究中心虚拟行星探测实验室的 Michael McGreevy 和 Jim Humphries 组织开发了用于火星探测的虚拟环境视觉显示器，将火星探测器发回的数据输入计算机，为地面研究人员构造了火星表面的三维虚拟环境。在随后的虚拟交互环境工作站项目（VIEW）中，他们又开发了通用多传感个人仿真器和遥感设备。

第三阶段是 20 世纪 80 年代末至 21 世纪初期，即虚拟现实技术的高速发展时期。进入 90 年代后，迅速发展的计算机硬件技术与不断改进的计算机软件系统相匹配，使得基于大型数据集的声音和图像的实时动画制作成为可能。人机交互系统的设计不断创新，新颖、实用的输入输出设备不断地进入市场。而这些都为虚拟现实系统的发展打下了良好的基础。例如 1993 年，宇航员利用虚拟现实系统成功地完成了从航天飞机的运输舱内取出新的望远镜面板的工作，以及用虚拟现实技术成功设计波音 777 飞机。

第四阶段就是近年来虚拟现实技术的爆发阶段。2012年谷歌公司推出的Google Glass拉开了VR设备井喷的帷幕。同年Oculus公司推出Oculus Rift，作为一款为电子游戏设计的头戴式显示器，Oculus Rift引起了消费者对VR设备的广泛关注。2014年索尼公司推出了PlayStation VR，2015年HTC推出了HTC Vive。虚拟现实技术由此开始真正走进人们的生活中。

5.1.2 虚拟现实设备

目前的虚拟现实系统可分为四种：桌面式、沉浸式、增强式、网络分布式[4]。

(1)桌面式虚拟现实系统。利用PC机或工作站作为虚拟环境产生器，计算机屏幕或者单投影墙作为用户观察虚拟环境的窗口。由于受到周围真实环境的干扰，它的沉浸感较差，但是成本相对较低。

(2)沉浸式虚拟现实系统。主要利用各种工作站、高性能图形加速卡和交互设备，通过声音、力与触觉等方式，并且有效地屏蔽周围现实环境，使用户完全沉浸在虚拟世界中。

(3)增强式虚拟现实系统。允许用户看见现实中的物体，同时又把虚拟环境产生的图形叠加在真实环境上。该系统主要依赖于虚拟现实位置跟踪技术，以达到精确的重叠。

(4)网络分布式虚拟现实系统。由上述几种类型系统组成的大型网络系统，用于更复杂的任务研究。它的基础是分布式交互模拟[5]。

毫无疑问，虚拟现实设备是VR领域的主角之一。VR设备的最大优势就是能够提供一个虚拟的三维立体空间，让用户通过视觉、听觉、触觉等体验到非常逼真的模拟效果，仿佛就在现实环境中一样[6]。虚拟现实设备发展具有八个重要里程碑：

1. Sensorama

世界上第一台VR设备出现在1962年，这款名为"Sensorama"的设备需要用户坐在椅子上，把头探进设备内部，通过三面显示屏来形成空间感，从而形成虚拟现实体验。如图5.2所示。

图5.2　VR设备Sensorama①

---

① https://en.wikipedia.org/wiki/Sensorama

2. Sutherland

到了 1968 年，有着"计算机图形学之父"美称的著名计算机科学家 Ivan Sutherland 设计了第一款头戴式显示器"Sutherland"。但是由于当时技术的限制，整个设备相当沉重，如果不跟天花板上的支撑杆连接是无法正常使用的，而其独特的造型也被用户戏称为悬在头上的"达摩克利斯之剑（The Sword of Damocles）"。不过这款比鼠标还要早诞生 6 年的设备并没有太大的现实意义，对于用户来说，只不过是一个简单的 3D 显示工具而已。如图 5.3 所示。

图 5.3   VR 设备 Sutherland①

3. Jaron Lanier

与前面两者不同的是，Jaron Lanier 并不是 VR 设备的名字，而是美国 VPL Research 公司创始人的名字，他被业界称为"虚拟现实之父"，这位集计算机科学家、哲学家和音乐家三种身份于一身的天才在 1987 年提出了 VR 概念。如图 5.4 所示。

图5.4   虚拟现实之父 Jaron Lanier②

---

① http://blog.sina.com.cn/s/blog_5d87e265010016y8.html
② http://www.sohu.com/a/78699060_308086

4. Virtual Boy

从 20 世纪 80 年代到 90 年代,人们一直在科幻电影中幻想虚拟现实的到来。但 1991 年一款名为"Virtuality 1000CS"的虚拟现实设备充分地为当时的人们展现了 VR 产品的尴尬之处:外形笨重、功能单一且价格昂贵。后来任天堂发布了名为"Virtual Boy"的虚拟现实主机,但其太过超前的思维难以支撑起残酷的现实。被时代周刊评为"史上最差的 50 个发明之一"的"Virtual Boy"仅仅在市场上生存了 6 个月就销声匿迹了。如图 5.5 所示。

图 5.5　任天堂 VR 设备 Virtual Boy[①]

5. Google Glass

2012 年,谷歌发布了一款面向增强现实的眼镜"Google Glass",它拥有和智能手机一样的功能,可以通过声音控制拍照、视频通话和辨明方向,以及上网、处理文字信息和电子邮件等。相比于之前的 VR 设备,谷歌眼镜有着小而强大的特点,并且兼容性高。如图 5.6 所示。

图 5.6　VR 设备 Google Glass[②]

---

① http://www.nintendo.com
② http://glass.google.com

第 5 章　虚拟现实与增强现实交互

6. Oculus Rift

Oculus Rift 是真正让普通消费者开始关注虚拟现实设备的功臣,这个于 2012 年登陆 Kickstarter 众筹平台的虚拟现实头戴显示器,虽然没有能成功集资,但获得了 1600 万美元的风投,完成了首轮资本累积。后来 Facebook 在 2014 年花费 20 亿美元收购了 Oculus 这家公司。如图 5.7 所示。

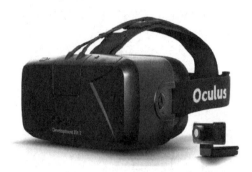

图 5.7 虚拟现实头盔 Oculus Rift[①]

7. PlayStation VR

索尼从 2011 年开始就发布了自己的头戴式显示器产品系列,这个系列的设备仅仅以作为屏幕的作用而出现。没有体感和重力感应的它在大多数时候只是给玩家提供了一块看起来巨型的 3D 屏幕而已。后来加装了摄像头和陀螺仪,能够将过去的影像和当前的影像进行融合。PlayStation VR 面向索尼的 PS4 游戏机,PS4 用户数量庞大和得到众多游戏厂商的支持,让玩家们看到了虚拟现实的未来。如图 5.8 所示。

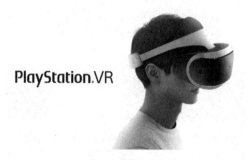

图 5.8 虚拟现实头盔 PlayStation VR[②]

8. HTC Vive

2015 年 HTC 和 Valve 在巴塞罗那世界移动通信大会上合作推出了 HTC Vive 这

---

① http://www.gamersky.com/review/201608/797874.shtml

② http://www.playstation.com/en-gb/explore/playstation-vr/

款 VR 游戏头盔。如图 5.9 所示。

图 5.9　虚拟现实头盔 HTC Vive①

5.1.3　虚拟现实关键技术

1. 立体显示技术

从某种意义上来说,头戴显示设备是虚拟现实的核心设备之一,也是虚拟现实系统实现沉浸交互的主要方式之一。不管是 Oculus Rift、HTC Vive、Sony PlayStation VR 这样基于电脑和游戏主机的头戴设备,还是需要配合智能手机使用的 Samsung Gear VR,头戴显示设备所用到的立体高清显示技术都是最关键的一项技术[3]。立体显示技术以人眼的立体视觉原理为依据。立体视觉是人眼在观察事物时所具有的立体感。人眼对获取的景象有相当的深度感知能力,而这些感知能力又源自人眼从景象中提取出的深度要素,主要包括:双目视差、运动视差、眼睛的适应性调节、视差图像在人脑的融合等。其中,双眼视差的原理如图 5.10 所示。

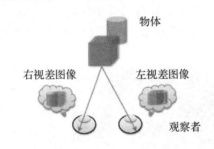

图 5.10　人的双眼视差原理②

借助于现代科技对视觉生理的认识和电子科技的发展,可以在虚拟现实系统中通过显示设备还原三维立体效果。目前采用的立体显示技术包括以下几种:

(1)偏振光分光立体显示。常见的光源会随机发出自然光和偏振光,分光技术是用

---

①　http://www.htc.com/cn/

②　http://www.eeworld.com.cn/tags/双眼视差

偏光滤镜或偏光片滤除特定角度偏振光以外的所有光,让0°的偏振光只进入右眼,90°的偏振光只进入左眼(也可用45°和135°的偏振光搭配),完成第一次过滤。两种偏振光分别搭载着两套画面,观众必须带上专用的偏光眼镜,眼镜的两片镜片由偏光滤镜或偏光片制成,分别可以让0°和90°的偏振光透过,从而通过产生视差让观众感觉出立体感。如图5.11所示的使用偏振眼镜看立体电影就利用了这一原理。

图5.11　使用偏振眼镜看立体电影①

(2)图像分时立体显示。分时技术将两套画面在不同的时间播放,显示器在第一次刷新时播放左眼画面,同时用专用的眼镜遮住观看者的右眼,下一次刷新时播放右眼画面,并遮住观看者的左眼。按照上述方法将两套画面以极快的速度切换,在人眼视觉暂留特性的作用下就合成了连续的画面。

(3)图像分色立体显示。分色技术是另一种3D成像技术,有红蓝、红绿等多种模式,但原理都一样:将两个不同视角上拍摄的影像分别以两种不同的颜色印制在同一幅画面上。这样视频在播放时仅凭肉眼只能看到模糊的重影,而通过对应的红蓝眼镜等立体眼镜就可以看到立体的效果。以红蓝眼镜为例,红色镜片下只能看到红色的影像,蓝色镜片只能看到蓝色的影像,两只眼睛看到的不同影像在大脑中重叠呈现出3D效果,如图5.12所示。

图5.12　红蓝分色立体眼镜②

①　http://www.narkil.com/college/college_103314.shtml
②　http://book.slcto.com/art/201611/522645.htm

（4）光栅立体显示。光栅技术与前面三种技术的差别较大,它将屏幕划分成一条条垂直方向上的栅条,栅条交错显示左眼和右眼的画面,如奇数编号的栅条显示左眼画面,偶数编号的栅条显示右眼画面。然后在屏幕和观众之间设一层"视差障碍",它也由垂直方向上的栅条组成,对于液晶这类有背光结构的显示器来说,视差障碍也可设置在背光板和液晶板之间。视差障碍的作用是阻挡视线,它遮住了两眼视线交点以外的部分,使左眼看到的栅条右眼看不到,而右眼看到的栅条左眼看不到。不过,如果观看者改变位置,那么视差障碍的位置也要随之改变。

（5）其他新型的立体显示技术。例如,全息投影技术,是一种利用干涉和衍射原理记录并再现真实物体的三维图像显示技术。

2. 三维建模技术

虚拟环境的建立是虚拟现实技术的核心内容。在三维模型的建立过程中,人们不仅要求模型的几何外观逼真可信,部分对象还需要具有较为复杂的物理属性和良好的交互功能。此外,VR 系统对实时性的要求较高,而场景中的模型数据的类型又通常较多,因此对模型数据的简化和优化技术也极为重要。主要的建模技术包括以下几个方面[7]:

（1）几何建模。将物体的形状存储在计算机内,形成该物体的三维几何模型,并能为各种具体对象提供信息,例如,能随时在任意方向显示物体形状,计算体积、面积、惯性矩等。几何模型是对原物体确切的数学描述或是对原物体某种状态的真实模拟。然而,现实世界中的物体是复杂多样的,不可能用一种方法就能描述各种不同特征的所有物体。为了产生物体的真实感显示,需要使用能精确地建立物体特征的表示,例如多边形或二次曲面能够为多面体和椭圆体等简单欧式物体提供精确描述;样条曲面可用于设计机翼、齿轮及其他有曲面的机械结构;特征方程的表示方法,如分形几何和微粒系统,可以给出诸如树、花、草、云、水、火等自然景物的精确表示。

（2）物理建模。虚拟现实系统中的模型不是静止的,而是具有一定的运动方式。当这些模型与用户发生交互时,会有一定的响应方式。这些运动方式和响应方式必须遵循自然界中的物理规律。

（3）运动建模。在虚拟现实环境中,除了要观察一个对象的 3D 几何形状外,还必须考虑该对象的具体位置,并以此位置为基点,进行平移、碰撞、旋转和缩放等变化。这些内容的数据建模描述表达了对象的运动属性,所以称为运动建模或行为建模。运动建模的目的就是要赋予虚拟对象仿真的行为与自然的反应能力,并使其服从客观世界的运动规律。在对运动建模的数据描述中,主要包括四个要素:对象的物理位置、对象的层次、虚拟摄像机、行人的运动结构。

3. 三维虚拟声音技术

三维虚拟声音与人们熟悉的立体声音有所不同。立体声虽然有左右声道之分,但就整体效果而言,立体声来自听者面前的某个平面,而三维虚拟声音则来自环绕听者双耳的球形空间中的任何地方。三维虚拟声音的特征主要包括三维定位和三维实时跟踪[3]：

(1)三维定位。是指在三维虚拟环境中,把实际声音信号定位到特定虚拟声源。它能使用户准确地判断出声源的精确位置,从而符合人们在真实世界中的听觉方式。

(2)三维实时跟踪。是指在三维虚拟环境中,实时跟踪虚拟声源位置变化或虚拟相关的变化。当用户转动头部时,这个虚拟声音的位置也应随之有所改变,因为只有声音效果与实时变化的视觉相一致,才可能产生视觉与听觉的叠加和同步效应。

举例来说,设想在虚拟房间内有一台正在播放节目的电视,如果用户在距离电视较远的地方,则听到的声音就会较弱,但只要他逐渐走近电视,就会感受到越来越大的声音效果;当用户面对电视时,会感受到声源来自正前方,而如果此时向左转动头部或者走到电视左侧的话,他就会立刻感到声源已处于自己的右侧。

4. 自然人机交互技术

在虚拟现实技术中,基于多模态技术集成的自然人机交互技术是其重要标志之一。目前在虚拟现实系统中,人们使用眼睛、耳朵、皮肤、手势和语言等各种感觉器官直接与周围的环境对象进行自然交互[8]。主要技术包括以下几个方面:

(1)手势识别技术。手势是一种自然、直观、易于学习的人机交互手段。以手直接作为计算机的输入设备,人机间的通信将不再需要中间媒介,用户可以简单地定义一种适当的手势来对周围的机器进行控制。手势研究分为手势合成和手势识别,前者属于计算机图形学的问题,后者属于模式识别的问题。手势识别技术分为基于数据手套的和基于计算机视觉的两大类。由于手势本身具有多样性和多意性,具有在时间、空间上的差异性,加上不同文化背景的影响,人们对手势的定义是不同的。一般把手势定义为:人手或者手臂结合所产生的各种姿势和动作,包括静态手势和动态手势。静态手势对应空间中的一个点,而动态手势对应着模型参数空间里的一条轨迹。现在大多数的研究都集中在静态手势的识别上,其技术难点是手势目标的检测和识别。手势识别最大的优势在于,用户可以自始至终采用同一种输入设备与虚拟世界进行交互。这样用户可以将精力集中于虚拟世界,从而降低对输入设备的额外关注。

(2)面部表情识别技术。在虚拟现实系统中,计算机面部表情识别技术通常包含四个步骤:人脸图像检测与定位、表情图像预处理、表情特征提取、表情分类。人脸图像的检测与定位就是在输入图像中找到人脸的确切位置,它是表情识别的第一步。人脸检测的基本思想是建立人脸模型,比较输入图像中所有可能的待检测区域与人脸模型的匹配程度,从而得到可能存在人脸的区域。根据对人脸知识利用方式的不同,人脸检测方法可分为两类:基于特征的人脸检测方法和基于图像的人脸检测方法。表情图像预处理通常采用信号处理的形式,还包括人脸及它的组成与分割、定位或者跟踪。表情的表示对图像中头的平移、尺度变化和旋转是敏感的。为了消除这些不必要变换的影响,人脸表情图像可以在分类前进行标准化预处理。表情特征提取根据图像性质的不同可分为:静态图像的特征提取和序列图像的特征提取。静态图像中提取的是表情的形变特征，及表情的暂态特征。而对序列图像，不仅需要提取每一帧的表情形变特征，还要提取连续序列的运动特征。特征选取的依据是：信息量尽可能丰富、尽可能容易提取、信息相对稳定。表情分类是表情识别的最后一步，特征提取之后，通过分类器就可以确定给定的对象属于哪一类。基本方法是，在样本集的基础上确定判定规则，对于新给定的对象根据已有的判定规则来进行分类，从而达到识别的目的。常用的分类方法包括：最近邻法、模板匹配法、神经网络法、概率模型法、支持向量机法等。

（3）语音交互技术。在和现实世界进行交流时，语音交互技术也是经常被使用的。一个完整的语音交互系统包括对语音的识别和对语义的理解两大部分。语音识别包含了特征提取、模式匹配和模型训练等，涉及的领域有信号处理、模式识别、声学、听觉心理学、人工智能等。而语义的理解则更为复杂，涉及自然语言处理、数据挖掘、语音学等领域。

（4）基于其他感官的交互技术。目前虚拟现实系统的交互形式主要集中在视觉和听觉方面，对基于其他感官的交互技术还不是很成熟。在触觉方面，由于人的触觉十分敏感，一般精度的装置尚无法满足要求；对于温度感，虽然可以利用一些微型电热泵在局部区域产生冷热感，但这类系统的价格十分昂贵。但是力反馈技术及设备是最近的研究热点，力反馈设备能够根据虚拟现实对象的定义和用户行为的特殊性对运动进行合理限定，最终实现真实的用户感知，而不需要用户进行判断，因此通过它可以较完整地体现人与环境真实的交互。通常力反馈设备的工作流程是：测量用户手指、手或手臂的运动并模拟其施力细节；计算手等对物体的作用力和物体对手的反作用力；将反作用力施加到用户手指或肢体上。

5.1.4　虚拟现实引擎

虚拟现实系统是一个复杂的综合系统，外部设备与各种支持软件众多，它们只有在虚拟现实内核——虚拟现实引擎的组织下，才能组合成 VR 系统，如图 5.13 所示[9]。

虚拟现实引擎就是以底层编程语言为基础的一种通用开发平台，它包括各种交互硬件接口、图形数据的管理和绘制模块、功能设计模块、消息响应机制、网络接口等。基于这种平台，程序员只需专注于虚拟现实系统的功能设计和开发，无须考虑程序底层细节。

虚拟现实引擎是虚拟现实系统的核心，处于最重要的中心位置，组织和协调各个部分的运作，如图 5.14 所示。

一般来说，虚拟现实引擎需要具备三维场景编辑、交互信息处理、物理引擎、粒子特效编辑、动画和动作处理以及网络交互等功能。从整体来看，一个完善的虚拟现实引擎应具有可视化管理界面、二次开发能力、数据兼容性，以及更快的数据处理功能等特点。虚拟现实引擎包含的子系统主要有：①图形子系统，将图形在屏幕上显示出来；②输入子系统，承担处理所有的输入，并把它们统一起来，允许控制的抽象化；③资源子系统，负责加载和输出各种资源文件；④时间子系统，实现对时间的管理和控制；⑤配置子系

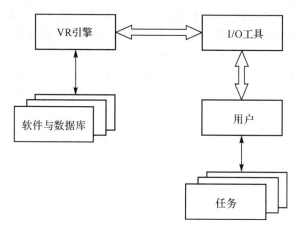

图 5.13　VR 系统图[9]

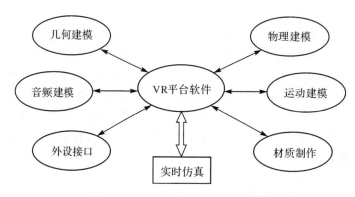

图 5.14　虚拟现实引擎架构示例[9]

统,负责读取配置文件,命令行参数或者其他被引用到的设置方式;⑥支持子系统,包括全部的数学程序代码、内存管理容器等;⑦场景子系统,包含该虚拟现实系统中虚拟环境的全部信息。目前主流的虚拟现实引擎有:Vega Prime、WTK、Virtools、Unity3D、VR-Platform、Converse3D 等。

5.1.5　虚拟现实交互应用

虚拟现实技术广泛应用于各个领域,如军事、航天、医学、教育、娱乐等。随着虚拟现实技术的发展,VR 的应用领域会更加的广泛[1]。

(1)军事和航天。在军事和航空航天领域中,模拟训练是一个重要的课题,这为 VR 提供了广阔的应用前景。美国国防部高级研究计划局(DARPA)自 20 世纪 80 年代起就致力于研究虚拟战场系统,该系统联结 200 多台模拟器,为军队提供模拟坦克协同训练。另外,VR 技术可用于模拟零重力环境,代替现在宇航员在水下训练的方法。

(2)医学。在医学领域,VR 具有十分重要的现实意义。借助于跟踪球、HMD、数据手套等设备,可以在虚拟环境中建立人体模型,为医学研究和临床治疗提供参考。例如,在远程手术中,利用虚拟现实技术生成仿真的手术场景,传感器将手术医生在虚拟环境下的操作信号传送到真实的手术场景中,控制手术机器人完成手术。在医学教育中,虚拟现实技术可用于新生培训、技能测试、技术学习、手术计划等。

(3)教育。将虚拟现实技术应用于教育领域是教育技术发展的一个飞跃,它可以为学生提供生动、逼真的学习环境,从而加速和巩固学生的学习过程。另外可以利用虚拟现实技术建立各种虚拟实验室,它们与传统实验室相比有巨大的优势。虚拟实验室中的设备和部件多是虚拟的,可以根据需求随时生成新的设备,跟上教学内容的更新,使实践跟上技术的发展。

(4)娱乐。电影、电子游戏等娱乐领域是虚拟现实技术的一个重要应用领域。2015年,Oculus Rift 推出了 Netflix 应用,用户可以在虚拟影院中观看电影;同年 3 月份,HTC 与 Valve 联合发布了 HTC Vive,将虚拟现实在游戏领域中的应用引向一个新的高潮。通过生成高沉浸感的虚拟游戏场景,为玩家带来身临其境的娱乐体验[10]。

5.2　增强现实交互

增强现实(Augmented Reality,AR)是一种利用计算机产生的附加信息对用户所看到的真实世界景象进行增强或扩张的技术。增强现实与虚拟现实的联系非常紧密,是虚拟现实的扩展。增强现实系统综合使用了不同研究领域的多种技术,包括虚拟现实、计算机视觉、光电显示、人工智能、可穿戴计算、多传感器、人机交互、生物工程、计算机图形学与多媒体技术等。利用这些技术将计算机生成的虚拟环境与用户周围的现实环境融为一体,使用户从感官效果上确信虚拟环境是其周围真实环境的组成部分[11]。AR 主要具有三个优点:①真实环境与虚拟世界的融合;②实时交互性;③在三维空间中对虚拟物体进行定位[12]。这些优点决定了 AR 技术运用在人机交互中能够产生更自然、更便捷的用户体验。AR 技术不仅展现了真实世界的信息,而且同时显示虚拟世界的信息,两种信息相互补充、叠加。用户利用头盔显示器,把真实世界与电脑图形多重合成在一起,增强对信息的感知和认知能力。

一个完整的 AR 系统是由一组紧密联结、实时工作的硬件与相关软件系统协同实现的。AR 系统主要包含以下三种组成形式[13]:

(1)显示器式 AR。摄像机拍摄真实世界的图像并输入到计算机中,与计算机图形系统产生的图形进行径向合成,并输出到屏幕显示器,如图 5.15 所示,用户从屏幕上看到最终的增强场景。这种 AR 系统结构简单、易于使用,但不能给用户带来很多的沉浸感。

(2)光学透视式 AR。由于头盔显示器可以有效增强用户的视觉沉浸感,AR 中也采用了透视式头盔显示器,如图 5.16 所示。这类 AR 系统具有简单、分辨率高、没有视觉偏差等优点,但也存在着定位精度要求高、延迟匹配难、视野相对较窄和价格较高等不足。

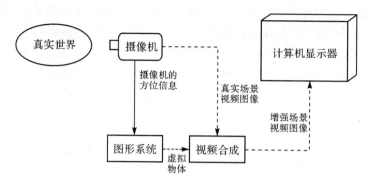

图 5.15　显示器式 AR 系统[13]

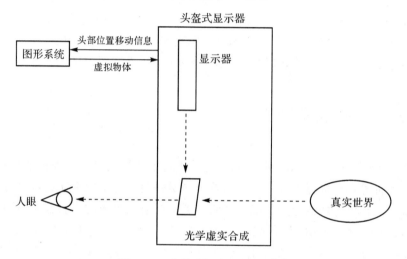

图 5.16　光学透视式 AR 系统[13]

（3）视频透视式 AR。基于视频合成技术的透视式头盔显示器实现 AR 系统，如图 5.17 所示。

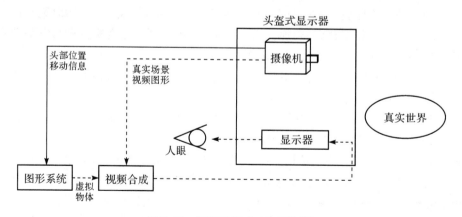

图 5.17　视频透视式 AR 系统[13]

目前对于增强现实有两种通用的定义。一种是北卡罗来纳大学的 Ronald Azuma 于 1997 年提出的,他认为增强现实包括三个方面的内容:虚拟物与现实结合、实时和三维;另一种则是由 Paul Milgram 和 Fumio Kishino 于 1994 年提出的现实—虚拟连续图(Reality-Virtuality Continuum),如图 5.18 所示[14]。他们将真实环境和虚拟环境分别作为连续体的两端,位于中间的被称为混合现实(Mixed Reality,MR),靠近真实环境的是增强现实,靠近虚拟环境的则是扩增虚境(Augmented Virtuality,AV),如图 5.19 所示[15]。

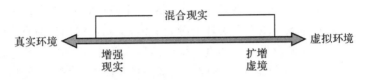

图 5.18　现实—虚拟现实连续体图[15]

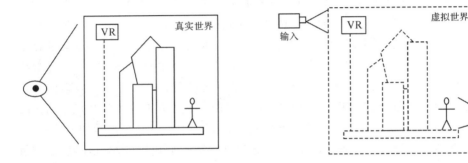

图 5.19　增强现实和扩增虚境技术[15]

这两种定义都揭示了增强现实所支持的人机交互技术的优势:虚实结合以及实时自然交互。因此,从人机交互的角度,可将增强现实技术定义为:将虚拟的三维模型动画、视频、文字、图片等数字信息实时叠加和显示到真实场景中,并与现实物体或者用户实现自然互动的创新技术。与现有的虚拟现实技术相比,增强现实技术由于实现了虚实融合,并提供了更加自然的交互能力,为人们提供了认知与体验周围事物的全新方式,可适用于更广泛的人机交互应用。

5.2.1　增强现实与虚拟现实对比

增强现实技术随着虚拟现实技术的发展而产生,因此两者存在着不可分割的纽带关系。虽然它们所需要的基础技术相同,但两者也存在一定区别。虚拟现实技术使用户从感官效果上沉浸在一个与周围环境完全不同的虚拟环境中,而增强现实技术将计算机生成的虚拟环境与用户周围的现实环境融为一体,使用户从感官效果上确信虚拟环境是其周围真实环境的组成部分。因此构建一个增强现实系统的目的并非以虚拟世界代替真实世界,而是利用附加的信息增强用户对真实世界的观察和感知。增强的信息可以是虚拟的三维模型，也可以是真实物体的非几何信息。形象地说，虚拟现实系统将世界输入到用户的计算机，而增强现实系统却是把计算机信息输入到用户的真实环境。AR 与 VR 的具体差别主要表现在以下四个方面[16]：

（1）AR 与 VR 对沉浸感的要求不同。VR 强调用户在虚拟环境中视觉、听觉、触觉等感觉的完全浸入，强调将用户的感官与现实世界绝缘，使其沉浸在一个完全由计算机控制的信息空间之中。这通常需要借助能够将用户视觉与现实环境隔离的显示设备，一般采用沉浸式头盔显示器。而与之相反，AR 系统不仅不需要隔离周围的真实环境，而且强调用户在现实世界中的存在性，并努力维持其感官效果的不变性。AR 系统致力于将计算机产生的虚拟环境与真实环境融为一体，从而增强用户对真实环境的理解。这就需要借助能够将虚拟世界与真实世界融合的显示设备，如透视式头盔显示器。

（2）关于注册的含义和精度要求不同。在沉浸式 VR 中，注册是指呈现给用户的虚拟环境与用户的各种感官匹配。例如，当用户用手推开一扇虚拟的大门时，用户所看到的场景就应该同步地更新为屋子里的场景；一条虚拟的小狗向用户跑来，用户听到的狗吠声就应该是由远到近变化的。而在 AR 系统中，注册主要是指将计算机产生的虚拟物体与用户周围的真实环境进行全方位对准，而且要求用户在真实环境的运动过程中维持正确的对准关系。如果注册存在较大误差，不仅不能使用户从感官上相信虚拟物体在真实环境中的存在性及一体性，还会引起视觉系统与其他感官系统以及本体感官系统之间的冲突，甚至会改变用户对其周围环境的感受，改变用户在真实环境中动作的协调性。严重的注册误差还会导致用户产生完全错误的行为，并造成严重的不适感。

（3）计算压力不同。一般来说，要求 VR 精确地再现人们周围的简单环境，需要付出巨大的计算代价，而其结果在当前技术条件下也未必理想，其逼真程度总是与人的感官能力不相匹配。而 AR 技术则是在充分利用周围已存在的大量信息的基础上对环境信息加以扩充，这就大大降低了对计算机图形计算与绘制能力的要求。

（4）应用领域侧重点不同。VR 系统强调用户在虚拟环境中的视觉、听觉、触觉等感觉的完全沉浸，对于人的感官来说，它是真实存在的；而对于所构造的物体来说，它又是不存在的。因此，利用 VR 技术能模仿许多高成本、危险的真实环境，主要应用在虚拟教育、数据和模型可视化、军事仿真训练、工程设计、城市规划、娱乐和艺术等领域。而 AR 系统并非以虚拟世界代替真实世界，而是利用附加信息增强用户对真实世界的感官认识。因此，AR 应用侧重于辅助教学与培训、医疗研究与解剖训练、军事侦察及作战指挥、精密仪器制造和维修、远程机器人控制等领域。

此外，衡量一个 AR 系统质量高低的标准主要包括：①增强场景图像的刷新频率，及图像的实时性；②虚拟场景图像和真实场景图像在照明、色彩、质感和物理特性等方面的一致性；③虚拟场景和真实场景的注册精度；④增强场景与用户视点变化的一致性，以及用户在增强场景中的运动精度和自由度。

5.2.2 增强现实发展历程与现状

1986 年,Furness 早期研制的 VCASS 增强现实系统将射程、射击目标等军用信息叠加在飞行员的视野之上;1986 年,美国北卡罗来纳大学研制出用于面向生物化学和建筑可视化的 STHMD 系统;Caudell 于 1990 年在开发军事训练系统的过程中,首次提出了增强现实的概念。20 世纪 90 年代后期,麻省理工学院研制出了多种便携式 AR 系统。在医学研究领域,1992 年,美国北卡罗来纳大学图形及可视化科学技术中心的 Bajura 等人将超声波数据与病人的腹部成像结合,使外科医生可以透视病人的腹腔; Azuma 等首次在外科手术领域中开发了增强型外科手术导航系统[16]。在航空维修方面,德国教育研究部资助了 ARVIKA 项目,解决了战斗机的布线效率和质量问题;哥伦比亚大学 Feiner 研究小组利用 AR 技术进行激光打印机的维修跟踪;美国波音公司将增强现实技术应用于飞机制造中电力线缆的连接和接线器的装配,节约了大量的空间和费用。

增强现实技术的研究在各国得到了不同程度的发展。在德国,AR 在工业应用中处于从试验研究到实际推广阶段之间。日本的混合现实系统实验室的建立和德国的 ARVIKA 项目的研究都对增强现实技术的发展起到了极大的推动作用。

目前中国 AR 技术的研究主要集中在高等院校,例如北京理工大学进行增强现实头盔显示器的设计与开发,并针对三维注册方法、光照模型等问题进行了系列研究,完成了对圆明园景观的重建;上海大学与浙江大学合作研究了 AR 场景的光源实时检测和真实感绘制框架;此外,国内在地理信息系统开发、城市规划等领域也有相关的应用研究[17]。增强现实技术刚刚开始应用到国内工业领域,许多船舶、航空航天等军工单位以及汽车企业都建立了大型虚拟现实环境,但是其设备成本很高,成熟的商品化软件产品还较少,技术的应用领域有限,实用性有待加强,相关技术研究也有待进一步深入[17]。

5.2.3 增强现实关键技术

AR 技术具有挑战性的难点在于:能够将虚拟环境和真实环境精确对准的定位手段;能够将虚拟场景与真实环境融为一体的显示设备。一方面,定位手段不仅要保证系统中所要求的方位跟踪系统的精度、数据刷新频率以及延迟,更重要的是理解虚拟环境坐标系、真实环境坐标系以及用户本身视觉坐标系之间的关系,并实现它们之间的精确对准以及对准关系在运动过程中的维持,保证虚拟物体在虚拟环境坐标系和真实环境坐标系中运动的精确性。另一方面,对设备的要求不再局限于虚拟现实的浸没感,也不是虚拟环境与真实环境的简单叠加,关键是虚拟环境深度细节、照明条件、分辨率与真实环境诸多因素的匹配。

目前增强现实系统的关键技术包括以下三个方面[18]:

（1）显示技术。目前的 AR 系统多采用透视式头盔显示器实现虚拟环境与真实环境的融合。透视头盔显示器由三个基本环节组成：虚拟环境显示通道、真实环境显示通道、图像融合与显示通道。其基本原理如图 5.20 所示。由安装在头盔上的微型电容耦合（Charge Coupled Device，CCD）摄像头拍摄外部真实环境图像，计算机将要添加的信息或图像信号叠加在摄像机的视频信号上，实现虚拟场景与真实场景的融合，最后通过类似于头盔显示器的显示系统呈现给用户。

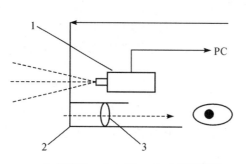

1–摄像机；　2–LCD；　3–中继透镜组；　　　　1–LCD；　2–中继透镜组；　3–光学组合器；

图 5.20　增强现实中的显示技术[15]

（2）跟踪注册技术。跟踪注册是增强现实系统构建的基础技术，也是决定增强现实系统性能的关键。AR 系统中的注册误差可分为两大类：静态注册误差和动态注册误差。当用户的视点与真实环境中的物体保持相对静止时，系统产生的误差就是静态注册误差。造成静态注册误差的原因主要包括：光学系统畸变、图像噪声、机械未校准、非正确的系统参数、算法本身以及摄像机标定时引入的误差等。当用户的视点和环境中的物体发生相对运动时才会出现的误差，称为动态注册误差。动态注册误差是造成增强现实系统注册误差的主要来源，也是限制增强现实系统实现广泛应用的主要因素。系统时延是造成动态注册误差的主要原因，它包括用户头部位置和方向的跟踪计算、图像数据的传输与模数转换、图形引擎产生虚拟增强信息，以及扫描输出至头盔显示器正确位置所需要的时间。目前增强现实系统中主要采用的跟踪注册方法包括：基于用户头部方位的跟踪注册、基于视觉的跟踪注册、混合跟踪注册。

（3）交互技术。交互技术是增强现实系统中与显示技术和注册技术紧密相关的技术，满足了人们在虚拟世界和现实世界自然交互的愿望。增强现实系统中的交互方式主要包括以下几类：

①基本命令式交互：通过交互完成选择、漫游、旋转、操控等功能。

②双手交互：双手交互的研究主要集中于双手操作的行为学原理、心理学基础和双手交互在人机交互中的应用。该交互方式能给人带来直接、高效的交互体验。

③多通道交互：人自身具有多种感官感知功能，虚拟环境可以为用户提供真实、高沉浸的感官体验。手势、身体姿态、语音甚至眼动跟踪都可以作为增强现实系统中的交互方式。此外还可以将触觉、嗅觉、听觉、力反馈等作为输出，从而实现多通道的增强现实交互。

④特殊工具的交互:可以使用简单的、易于识别的工具作为交互设备,通过识别不同工具或动作的指令,实现特殊的增强现实交互体验。

5.2.4 增强现实交互应用

AR 技术已经在医疗、军事、工业、教育、娱乐、文化、营销、电子商务等领域广泛应用[19]。下面通过其中一些实例进行简单介绍。

1. 数字营销

增强现实技术为数字营销开拓了新模式,能够让消费者以全新的视角去发现、了解并体验各种产品。例如,在移动设备上通过手机屏幕将各种数字信息叠加在周边的实景物体上,精确推送与用户兴趣、位置信息相关的商品销售、促销活动的"窄告";在产品展厅或者产品推广网站上,将产品三维模型叠加在宣传册或展台上来展示产品外观及功能,增进消费者对产品细节的了解;基于人体识别及动作捕捉技术,则可以让消费者在店内或者网站上基于自己的身体影像实时体验虚拟服装、眼镜、首饰等产品的试穿戴效果,帮助他们快速选择适合自己的款式,如图 5.21 所示。

图 5.21 AR 在服装试穿中的应用①

2. 数字出版

将增强现实技术与传统平面出版物结合,把三维模型、动画或者视频叠加到出版物上与读者互动,实现阅读内容跃然纸上的全新阅读模式。例如,用手持阅读设备的摄像头对准书本,AR 系统将三维模型或者动画叠加到书本上,读者通过阅读设备屏幕以第一视角观看和互动,如图 5.22 所示。

---

① http://tech.99.com/a/20170414/040572.htm

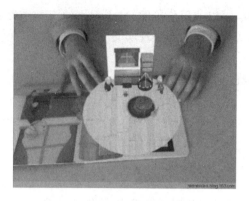

图 5.22　AR 在图书中的应用①

3. 科普与教育

科技展馆为了以寓教于乐的方式吸引观众,越来越多的开始利用增强现实技术,以安全逼真的交互体验以及虚实结合的场景展现能力,提升展馆的真实感、娱乐性和互动体验。包括结合人体动作捕捉的科学模拟实验、结合识别标识卡片的物体认知与游戏问答、基于增强现实观景机的历史场景复原等,如图 5.23 所示。同时,增强现实技术也可以作为课件制作或辅助课堂试验的全新教学手段。

图 5.23　AR 在虚拟展示中的应用②

4. 移动导览

在新一代智能手机上,基于地理位置信息的增强现实应用,以虚实结合的能力为游客提供了了解周围景观的全新视角,如图 5.24 所示。文字、语音、视频介绍,历史图片,遗迹复原动画等多种多媒体信息,都可以与现实景观实时融合展示,为游客带来传统数字地图导航软件不能提供的互动应用体验。

---

① http://tech.99.com/a/20170414/040572.htm
② http://tech.sina.com.cn/mobile/n/2015-03-02/074610013260.shtml

图 5.24　AR 在移动导览中的应用

5. 设计与仿真

传统的基于虚拟现实技术辅助的设计与仿真应用,受限于虚拟现实的展现和交互方式,不能逼真地表现设计作品或者仿真设备在现实环境的真实大小比例,以及与真实场景融合的效果,并缺乏用户与虚拟模型自然交互的能力。利用增强现实技术,结合可穿戴设备硬件平台,能让系统以第一视角在实景中展示设计作品或仿真设备外观,并让用户通过自然方式与虚拟模型进行人机交互,有效解决了虚拟现实技术存在的问题,能有效应用于计算机辅助工业设计、服装设计、装潢设计、建筑设计以及设备仿真等领域。

6. 物联网

物联网技术将附加数字属性的物体连接到互联网上,而增强现实技术可以将附加在物体上的数字属性可视化,并提供其与用户进行自然交互的能力。因此当物联网与增强现实技术结合时,将可定位的电子标签(Radio Frequency Identification,RFID)以增强现实方式,通过移动终端或者监控系统进行数字信息可视化管理,实现人与数字化物联网之间全新的无缝交互模式,如图 5.25 所示。

图 5.25　AR 电子标签可视化管理应用

第 5 章　虚拟现实与增强现实交互

7. 其他应用领域

在城市规划的展示中,采用 AR 技术,可以在图纸上向人们展示各式各样与图纸比例尺相当的虚拟建筑模型,从而为城市规划服务;在航空方面,利用 AR 技术实现对飞机的装配与维修,目前已经有公司在飞机机翼组装生产线上使用了 AR 系统。

参考文献

[1] 霍妍妍,李爱军,刘瑜. 虚拟现实技术发展综述[C]// 华东六省一市工程图学学术年会. 2007.

[2] 杨欢,刘小玲. 虚拟现实系统综述[J]. 软件导刊,2016,15(4):35—38.

[3] 马登武,孙隆和. 虚拟现实技术研究综述[C]// 中国体视学学会图像分析专业、中国体视学学会仿真与虚拟现实专业、中国航空学会信号与信息处理专业联合学术会议. 2000.

[4] 李敏,韩丰. 虚拟现实技术综述[J]. 软件导刊,2010,09(6):142—144.

[5] 潘志庚,姜晓红,张明敏,等. 分布式虚拟环境综述[J]. 软件学报,2000,11(4):461—467.

[6] 张州. 浅谈虚拟现实系统的输入设备[J]. 黑龙江科技信息,2015(17):81—82.

[7] 赵沁平. 虚拟现实综述[J]. 中国科学:信息科学,2009(1):2—46.

[8] 张凤军,戴国忠,彭晓兰. 虚拟现实的人机交互综述[J]. 中国科学:信息科学,2016(12).

[9] 罗冠,郝重阳,淮永建,等. 虚拟现实引擎的设计与实现[J]. 计算机学报,2001,24(11):1163—1169.

[10] 张扬. 虚拟现实技术在电子游戏中的应用[J]. 电脑知识与技术,2012,08(7):1624—1625.

[11] 朱淼良,姚远,蒋云良. 增强现实综述[J]. 中国图象图形学报,2004,9(7):767—774.

[12] 姚远. 增强现实应用技术研究[D]. 杭州:浙江大学,2006.

[13] 朱杰杰,潘志庚,孙超. 增强现实技术应用综述[C]//和谐人机环境联合学术会议. 2008.

[14] Milgram P,Kishino F. A Taxonomy of Mixed Reality Visual Displays(Special Issue on Networked Reality)[J]. IEICE Transactions on Information & Systems,1994,77(12):1321-1329.

[15] 周忠,周颐,肖江剑. 虚拟现实增强技术综述[J]. 中国科学:信息科学,2015,45(2):157—180.

[16] Azuma R T. A survey of augmented reality[J]. Presence:Teleoperators and Virtual Environments,1997,6(4):355~385.

[17] 全红艳,王长波,林俊隽. 基于视觉的增强现实技术研究综述[J]. 机器人,2008,30(4):379—384.

[18] 钟慧娟,刘肖琳,吴晓莉. 增强现实系统及其关键技术研究[J]. 计算机仿真,2008,25(1):252—255.

[19] 吴帆,张亮. 增强现实技术发展及应用综述[J]. 电脑知识与技术,2012(34):8319—8325.

思考题

1. 根据书中介绍，对比 VR 和 AR，描述两者之间的联系和不同。

2. 你在生活中有使用过 VR 和 AR 吗？它们各自有怎样的特点，给你带来了怎样不同的感受？

3. 目前为什么 VR 和 AR 没有在日常生活中普及，它们各自有哪些地方还需要改进？

第6章

体感和手势交互

6.1 体感交互概述

体感交互技术发端于游戏行业,是 21 世纪最为热门的人机交互方式之一,近年来得到了迅猛的发展。作为自然人机交互模式(Natural Human Computer Interaction)中的一项关键技术,它引领了人机交互的第三次革命。体感交互技术使用户能够通过其肢体动作与周围的数字设备直接互动,随心所欲地控制周围的环境。此种交互方式的核心在于它让计算机有了更精确和有效的"眼睛"去观察这个世界,并根据人的动作来完成各种指令[1]。例如,用户站在一台电视前方,体感设备可以检测用户手的动作。当手分别向上、向下、向左及向右挥动时,可以控制电视节目播放的快进、倒转、暂停以及终止等功能;或者将手的动作直接对应于电脑游戏角色的动作,便可让游戏玩家得到身临其境的游戏体验。

体感交互的主要关键技术包括:运动追踪、手势识别、运动捕捉、面部表情识别等。体感交互具有以下几个特点[2]:

(1)双向性。用户身体的运动和感觉通道通常具有双向性,能够做出交互动作以表达交互意图,同时也可以感知系统响应、接收信息反馈。而传统的基于图形用户界面的交互则大多只支持单向交互。

(2)自然性和非精确性。体感交互技术允许用户使用非精确的交互动作,而传统的图形用户界面则需要用户以精确的操作来进行交互。但人体动作具有较高的模糊性,不同的人做相同的动作,甚至同一个人做同一个动作也无法做到完全一致。体感交互的这一特点降低了用户的操作负担,大大提高了交互的有效性和自然性。

(3)便捷性。体感交互中的交互方式简单易用,用户不会因为交互界面的使用过于复杂而分散注意力,而可以将全部精力集中在交互任务的完成过程上。

此外,体感交互设备还具备一些优点:①占地空间小。体感交互设备的体积很小,只需要很小的空间;②交互自然。用户不需要与设备直接接触,具有更高的自由度;③降低用户的认知负荷,提高用户的参与度和情感体验。

体感交互技术当前存在的问题主要包括[1]：

（1）肢体姿势设计的人因学问题。体感交互通过肢体动作直接与机器交互而达到自然交互的目的，但目前所采用的大多数姿势（特别是手势）交互，既不自然，也不容易学习与记忆。这对用户快速学习并使用相关设备造成了一定障碍。在姿势设计过程中，要使用户快速建立姿势—功能连接，并尽可能降低用户的记忆负荷，需要人因工程方面研究的支持。例如，由于人的短时记忆容量有限，所以在用户学习体感交互动作姿势时，要控制不同姿势的学习数量。此外，用户对物理规律的感知经验、已有人机界面模式的使用经验、社会文化习俗、反馈方式均会影响个体用户的动作使用与学习。例如，同一个手势在不同文化背景下的含义不尽相同，如"OK"手势在美国表示赞同，但在日本也可能表示金钱。体感交互设计中也要对这些因素做进一步探讨。

（2）体感交互的反馈问题。肢体动作稍纵即逝，不留下任何可见痕迹。因此，对用户提供必要的反馈，告知其肢体输入是否正确至关重要。目前体感交互的信息反馈主要来自视觉和听觉通道。然而，这两类信息反馈如何提供，以何种形式提供，使用户具有较高的任务完成绩效与较好的主观体验，均有待进一步研究。此外，用户在日常生活中会接收多种通道的信息反馈，如接触物体表面可获知物体的形状、纹理、压力、温度等信息。这些信息对用户精确感知环境具有重要作用。因此，多模态信息的反馈研究也需要重点关注。

（3）体感交互的可靠性问题。不同于传统的交互方式，在体感交互中，用户可能会在无意间做出某个动作，但却可能触发相关功能。这将导致用户无法理解系统当前状态或操作与结果间的关联，使得用户对系统的控制感下降甚至丧失。这种可靠性问题需要在设计中尽量避免，并提高系统的容错性等。

（4）用户体验问题。目前，虽然体感交互设备的传感器能非接触的测量人体骨骼、动态追踪肢体动作，但对精细动作的识别仍存在不足。在体感交互中存在着的动作误识别、过度识别、输入延迟等问题，会极大影响人机交互的流畅性。此外，体感交互领域缺乏图形用户界面中比较成熟的可用性指导原则，甚至那些已被充分测试和理解过的交互设计标准也可能会被颠覆、忽略和背离。体感交互涉及个体的肢体动作，其背后的心理机制、消耗的认知资源不同于以往的视觉、听觉交互方式。例如，有研究表明，肢体动作具有独立于一般视觉刺激的工作记忆存储空间，与用户个体的镜像神经元系统紧密相关。如何结合已有的心理学、神经学研究，提出基于肢体运动的交互设计指导原则是一个急需解决的问题。

（5）用户界面设计问题。目前，以 Kinect 为代表的体感交互设备采用专为触摸交互设计的图形用户界面。尽管该界面目前已得到广泛应用、获得众多用户认可，但当该界面与 Kinect 结合时是否存在区别于手指在触摸屏上交互的设计要素，以及用户的行为模式是否与图形用户界面下的模式相同，则有待进一步明确。

体感交互技术发端于游戏行业，但随着技术的高速发展，其应用的范围已经越来越广，目前主要的应用领域包括[3]：

（1）游戏娱乐业领域。使玩家摆脱手柄、鼠标、键盘的束缚，对游戏环境做出更加快速、自然的反应,在游戏中获得更大的乐趣,并锻炼玩家的身体。

(2)教育领域。通过与虚拟现实相结合,创建更加生动的课堂教学环境,帮助学生更好的学习知识。

(3)智能家居领域。利用手势、语音等方式代替传统的遥控器,控制电视机、空调等智能家电。

(4)医疗辅助与康复领域。Kinect 的动作捕捉和三维景深识别技术为识别复杂的手语带来了可能,利用该技术可以设计便携的体感设备,配合语音功能为聋哑人配音或传达手语。

(5)线下服务领域。用户可以通过肢体进行户外广告屏的浏览,免去了细菌感染的危险;通过虚拟试衣设备快速挑选适合自己的衣服,使用户更轻松、快捷的享受到线下服务,进一步提高生活质量。

6.2　体感交互发展历程与现状

国外较早开展了基于人体感知的人机交互研究。早在 1993 年,Wellner 的 Digital Desk 系统就利用计算机视觉技术将计算机屏幕投影到普通桌面上,使用数字摄像机摄入桌面真实文档,用户通过控制手和笔来实现对真实文档的操作。1995 年,麻省理工学院的 Tangible Media Group 的 Bricks 系统让用户通过对物理实体的操作来控制虚拟世界。同样,1999 年的 Perceptual Window 和 2003 年的 Magic Board 也是较为成功的范例,后者能够根据用户的手指位置选择图片,并通过用户手指的拖动实现图片的移动。正是在大量研究成果的推动下,体感交互技术迅速开始产品化,从实验室走入了人们的日常生活。例如,GestureTek 公司研发的 GroundFX 系统利用计算机视觉技术识别用户姿势与位置的变化,同时使虚拟世界发生与用户动作相对应的变化;Sony 公司推出的 EyeToy 系统可以捕捉玩家在摄像机前的动作并进行分析,使玩家不需要依赖于操作手柄等输入设备便能产生相应的游戏效果;Nintendo 公司推出的 Wii 系统改良了传统体感操作的方法,利用其标准控制器 Wii Remote 中的感应器来感知人体运动,以达到互动的效果。微软公司的体感交互技术在业界一直处于领先地位,Kinect 是它的代表产品之一。LeapMotion 系统成本低廉、结构简单、易于操作,直接推动了体感交互的迅速推广。2012 年推出的谷歌眼镜具有智能手机、GPS、相机等各项功能,用户只需要眨眼就能拍照上传、收发短信、查询天气和路况,展现了体感交互的巨大魅力。我国目前在体感交互领域同国外还有一定差距,但随着虚拟现实技术、人机交互技术的发展,国内在该领域的研究与应用也得到了飞速发展。例如,相关公司把网络游戏的理念引入到体感交互平台上,并获得了多个体感交互技术专利[4]。

6.3 手势交互

手势是一种自然且符合人类行为习惯的交互技术，它以直观、方便、自然的特点受到了极大关注，是体感交互技术的理想选择。手势能表达的含义非常丰富，从手的结构角度来看，手指和手掌可以表达胜利的手势，也可以表示各种数字；从手的移动角度来看，可以表示"向左"、"向右"等含义，如图 6.1 所示[5]。这些信息所表达的不同含义都可以用来作为控制信息输入到计算机。

图 6.1 手势交互在生活中的应用示例①

根据手势信息的输入方式不同，手势识别系统主要可以分为两类：基于数据手套的手势识别系统和基于计算机视觉的手势识别系统[6]。

(1)基于数据手套的手势识别。最初的手势识别研究中，受到摄像头和图像处理技术的限制，用户需要戴上数据手套，利用数据手套获取手势在空间的运动轨迹和时序信息，如图 6.2 所示。进一步，可以将手套的指尖部分加上特殊标记，这种改进的方法能

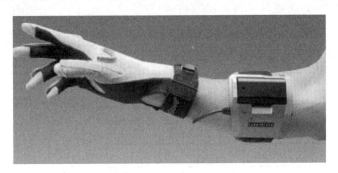

图 6.2 数据手套②

---

① http://www.clhweb.com/news/tech/20160530/1049.html
② http://www.vrp3d.com/article/2008/0905/article_286.html

够有效识别多种不同的手势。基于数据手套的手势识别技术的优点在于手势建模的难度低，手势信息有效性高，手势识别率高。但从用户角度来看，交互过程中需要佩戴昂贵且笨重的手套，限制了手势的自由性，降低了自然的交互体验[7]。

（2）基于计算机视觉的手势识别。随着图像处理技术的发展，基于计算机视觉的手势识别技术逐渐成熟。通过摄像头采集手势图像信息并传输给计算机，系统对视频进行分析和处理，提取手的形状、位置和运动轨迹，然后选择手势进行分析，根据模型参数对手势进行分类并生成手势描述，进而驱动具体的交互应用。与传统的手势交互系统相比，基于计算机视觉的手势交互系统输入设备成本较低，对用户的限制少，使用户可以自然的与计算机进行交互，是手势交互未来发展的趋势[8]。

如图 6.3 所示，基于计算机视觉的手势识别技术，主要包括以下几个方面[7]：

（1）手势输入及手势图像预处理。通过摄像头采集手势图像信息并传输给计算机。为了防止图像在生成、传输和变换过程中受到干扰而发生畸变，需要先对图像进行预处理，去除手势图像中的噪声，过滤掉不需要的部分，同时保留并强化图像中有用的信息。

（2）手势分割。手势分割就是将手势从图像视频中划分出来，仅保留手势部分。手势分割的好坏直接影响下一步的特征提取和最后手势识别的结果。主要的方法有肤色模型法和轮廓跟踪法等。

（3）特征提取。手势图像经过分割后得到手势的边缘和所在区域，从而能够获得手势的形状，进而可以进行手势特征的提取。手势特征提取与手势分割密不可分，在基于计算机视觉的手势识别系统中，两者可以同时进行。用来描述手势形状特征的属性包括手的长短、面积、距离、凹凸等，它们反映了手的骨架和所在区域。

（4）手势识别。手势分为静态手势和动态手势。静态手势通过手在静止状态时的形状表达特征信息，对应于模型参数空间里的一个点，而动态手势则通过手的运动表达相应的信息，对应于模型参数空间里的一条轨迹。静态手势识别的过程相对简单，和时间及空间上的图像序列无关，识别方法主要包括神经网络法、模板匹配法、基于统计的方法等。动态手势的识别不但涉及时间和空间相关信息，由于用户在做手势时的速度不同、熟练程度不同，还涉及手势定位问题，识别方法主要包括神经网络法、隐马尔可夫模型法、动态时间规整法等，如表 6.1 所示。

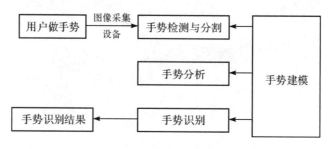

图 6.3 基于计算机视觉的手势识别流程

表 6.1　不同手势识别方法的对比[5]

识别方法	代表算法	优点	缺点	应用情况
模板匹配法	传统的模板匹配	计算简单、速度快、不受外界环境影响、应用广泛	准确率不高,可识别手势少	适用静态手势识别
人工神经网络法	BP 神经网络	变化丰富、可满足不同应用的需求,有较好的鲁棒性	训练过程长、不适合实时识别	静态和动态手势识别均适用,静态识别效果更好
隐马尔科夫模型法	隐马尔科夫模型	提高了时间尺度的不变性,识别性能好,识别率高	初始化复杂,计算量巨大,实时性差	适用于动态手势识别

在基于计算机视觉的手势识别方法中,手势模型是至关重要的。对于复杂的人机交互而言,则需要一个精确而高效的模型,使得系统能够识别用户的绝大多数手势。目前主要的手势建模方式是通过手势的外在形态和手势图像序列的分析进行手势建模。在静态手势识别中,常用的模型一般是基于手势图像属性,如边界、结构、图像特征向量以及区域直方图特征等的模型。而对于动态手势识别而言,模型主要建立在图像本身的变化或者运动轨迹的基础上。目前手势建模的方法大致分为两类:基于表观的手势建模和基于三维模型的手势建模,如图 6.4 所示[8]。

(1)基于表观的手势建模。利用手势图像序列里的表观特征为手势建模。常见的模型策略有灰度图、图像特征属性、可变形模板以及运动参数模型。

(2)基于三维模型的手势建模。可分为纹理模型、网络模型、几何模型以及骨架模型。

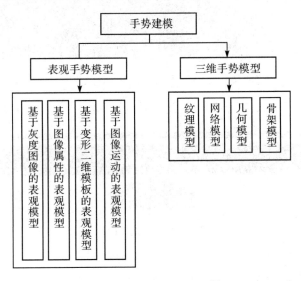

图 6.4　手势建模的分类[8]

6.4 体感和手势交互设备

6.4.1 Kinect

Kinect 是 2010 年由微软公司推出的一款体感交互设备,是目前市面上较为成熟的商业化人体动作感知设备。Kinect 能够实时对人体进行捕捉和跟踪,并对人体姿态进行估计,同时还具备一定的语音识别功能。这套设备被应用于 Xbox 360 游戏机上,它不需要手势或者踩踏任何操作设备,而是利用玩家身体的运动或是语音来进行游戏互动。其综合利用了彩色摄像头和深度摄像头,将人体从复杂的背景中分离出来,甚至还可以在光照不佳或光线变化强烈的场景中完成人体的姿态估计(如图 6.5 所示)[9]。

图 6.5 kinect 人体姿态估计效果①

如图 6.6 所示,Kinect 的整体结构及功能包括[9]:

图 6.6 Kinect 整体结构②

(1)RGB 摄像头。用来获取 640×480 像素的彩色图像,最高帧率为 30 帧/秒。根据在摄像头视野范围内移动的一个或两个人的图像进行骨骼追踪,可以追踪到人体上

---

① http://www.eepw.com.cn/article/201608/296185.htm
② https://www.microsoftstore.com.cn/search? text=kinect

的二十个节点。

（2）3D 深度传感器。一个红外发射器和一个红外 CMOS 摄像头，用来侦测 3D 图像。

（3）麦克风阵列。使用一个具有消除噪声和回波的四元麦克风阵列，记录声源附近有效范围内的各种声音信息，用于进行用户的语音识别。

Kinect 设备提供三大类的原始数据信息，包括彩色数据流（Color Stream）、深度数据流（Depth Stream）、音频数据流（Audio Stream），分别对应身份识别（Identify）、骨骼跟踪（Skeletal Tracking）、语音识别（Speech Recognition）三大功能。其基于流水线（pipeline）的体系架构如图 6.7 所示。

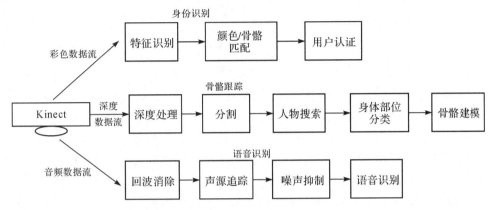

图 6.7　基于流水线的系统架构图[9]

身份识别主要是对获取到的彩色数据流进行特征提取，如对人脸特征、身高特征、肤色特征等进行提取，并结合骨骼跟踪技术来匹配数据库中指定人物的特征数据，以达到识别的目的。

骨骼跟踪技术是 Kinect 的关键技术。与传统的彩色二维图像的处理不同，研究人员提出了一系列从深度图像到骨骼跟踪的图像处理方法，通过处理深度数据来建立人体各个关节的 3D 坐标，这些为 Kinect 的骨骼跟踪技术打下了坚实的理论基础。Kinect 采集深度数据流，对深度图像进行像素级别的复杂处理，重点分析图像中比较靠近深度摄像头的区域，因为这些区域最有可能存在目标物体。然后，根据人体边缘图像信息的不连续性（主要是深度的不连续性），结合预设的人体特征阈值，完成人体边缘的检测，将人体从背景中分离出来。进而提取特征点，并利用机器学习技术对人体各个部位进行分类识别，最终准确推断出人体众多关节点的空间坐标，实现骨骼跟踪。由于 Kinect 处理的是由红外数据转化而来的深度数据，因此不会受到光照或者背景因素的干扰，即使是在黑夜或者复杂背景环境下也能实现对人体骨骼的追踪[10]。

如图 6.8 所示，Kinect for Windows SDK 中提供了包含 20 个骨骼点 3D 信息的人体骨骼模型。根据实时获取的人体骨骼模型，可以获取任意时刻骨骼节点的位置，进而得到骨骼节点之间的夹角和相对位置。在一段连续的时间内，则可以获得骨骼节点的运动向量。获取到的这些数据可以用来识别人体姿势和手势。

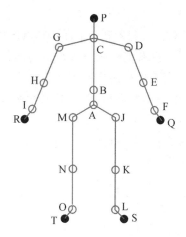

图 6.8　Kinect 骨骼模型①

Kinect 的红外 CMOS 摄像头是其实现立体视觉的基础,通过捕捉视野范围内的深度图像,并以 30 帧/秒的速度进行传送,使得计算机可以实时再现周围环境的三维空间信息。Kinect 采用了 PrimeSense 公司的结构光编码技术(Lingt Coding),该技术与传统结构光测量技术不同的是,其光源采用了"激光散斑",即激光照射到粗糙物体表面或者透过毛玻璃之后形成的随机衍射斑点。这种散斑最大的特点就是高度的随机性,只要在目标空间中打上这种散斑图案就完成了对该空间的标定,一旦有人进入,就会在人体表面形成一定的散斑图案,通过捕捉这些散斑图案就能计算出人体表面各个点的深度信息。Kinect 所能获得的深度数据是由深度图像帧组成的,在某个深度图像帧中,每个像素点包含了特定的距离信息。Kinect 获取的深度图像的分辨率有 640×480、320×240、80×60 三种。

Kinect 还具有较好的语音识别能力,通过回音消除(Acoustic Echo Cancellation)技术滤除回声;通过波束成形(Beamforming)技术辨别声源方向;通过噪声抑制(Noise Suppression)技术有效抑制环境噪声的影响,有效提高了语音识别的精度。

相比于传统的体感控制设备,Kinect 具有更好的交互性,且便于操作。但是 Kinect 在捕捉人体信息和识别手势动作等方面也有一定的局限性:1)对运行系统的配置要求较高。识别人体动作和手势时会产生巨大的数据计算量,如果追求算法的实时性,对运行系统的 CPU 性能有较高的要求;2)识别精度有限。Kinect 设备可以在 0.8～4 米的范围内稳定获取深度图像信息,但是随着距离的增加,其光学传感器的灵敏度逐渐降低;3)视野范围有限。Kinect 只有一个旋转马达,并且只能上下旋转,大大限制了其视野范围;4)骨骼模型鲁棒性不高。当视野内出现类似人体结构的物体时,Kinect 会识别出一些不规律的骨骼信息,造成识别误差;5)人数限制。现阶段的 Kinect 最多可以检测到 6 个人,但最多同时追踪 2 个人的骨骼[11]。

---

①　https://developer.microsoft.com/zh-cn/windows/kinect

6.4.2　LeapMotion

LeapMotion 于 2013 年问世,是一款小巧高效的手势识别设备,支持 C＋＋,C♯,Java,Object-C 等语言进行高级应用程序开发;可以作为插件结合不同的开发环境进行软件开发,例如 Visual Studio,Unity 3D 等;同时也支持多种操作系统,包括 Mac OS,Windows,Linux 等。

LeapMotion 设备主要由两个高清摄像头、三个红外 LED 灯和光学传感器组成,传感器的视野范围大致为 150 度,如图 6.9 所示。通过红外 LED 灯对图像进行光补偿,两个高清摄像头从不同位置拍摄得到高分辨率的立体红外图像,模拟人的双目立体视觉进行手势位置判断[7]。

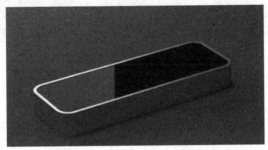

图 6.9　LeapMotion[①]

LeapMotion 的坐标系统采用右手笛卡尔坐标系,如图 6.10 所示。坐标原点在 LeapMotion 控制器的中心,x 轴和 z 轴在控制器的水平面上,x 轴与设备的长边平行;y 轴与设备垂直,其正方向朝上;z 轴垂直于屏幕,距离计算机屏幕越远,其值正向增加(所有坐标的单位均为 mm)。

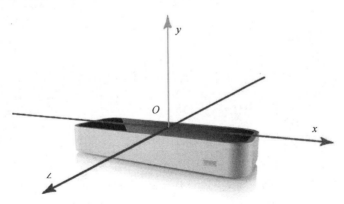

图 6.10　LeapMotion 坐标系统[②]

---

① https://developer.microsoft.com/zh-cn/windows/kinect

② http://brightguo.com/LeapMotion-Vr-1/

LeapMotion 采集数据的基本单位是帧。它能检测到手指、手掌和类似手指的工具(如铅笔、钢笔等),并实时跟踪和获取它们的位置、方向等信息。LeapMotion 对用户手掌的骨头和关节进行探测,可以识别毫米级别的极短位移量,LeapMotion 的有效探测范围在设备上方的 40~600mm 的空间内,呈倒金字塔状,如图 6.11 所示。

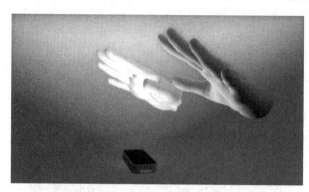

图 6.11　LeapMotion 检测范围[①]

与普通的摄像头或者光学传感器相比,LeapMotion 在手势图像采集方面具有更多优点。LeapMotion 使用红外光来检测人手,不容易受到光照变化和复杂背景的干扰,采集到的图像也具有噪声较小,便于后期处理等优点。设备正上方有两个高清摄像头,使用的是超广角相机快门传感器,运行速度达到 120 帧/秒。

LeapMotion 系统以一个数据集合(帧)描述在其视野内的手、手指或杆状物体。每帧数据包含一个基本的跟踪数据列表,同时还包括识别出的手势及视野中所有对象的运动信息。当检测到手、手指或杆状物体时,LeapMotion 系统会为它分配一个唯一的 ID 标识符,并持续跟踪。除非被跟踪目标丢失,否则只要其始终存在于设备的视野内,此 ID 就将保持不变。当被跟踪目标丢失后再次出现时,LeapMotion 系统会为其重新分配一个 ID。

跟踪数据列表描述如下:

Hand——所有的手;

Pointables——所有有端点的对象,如手指或杆状物体;

Fingers——手指;

Tools——杆状物体;

Gestures——手势。

运动信息列表描述如下:

Rotation Axis——旋转坐标,描述坐标旋转的方向向量;

Rotation Angle——旋转角度,相对于旋转坐标系顺时针方向旋转的角度;

Rotation Matrix——旋转矩阵,表示旋转的变换矩阵;

---

①　https://developer.leapmotion.com/#101

Scale Factor——缩放因子,描述尺度缩放的因子;

Translation——位移,描述线性运动的向量。

在一帧数据中,运动信息被描述为特殊类型的运动,存在一定的信息衰减。例如当缩放因子很大时,可以忽略在帧中的旋转或位移。

LeapMotion 系统对用户的手进行了详细的骨骼建模,如图 6.12 所示。

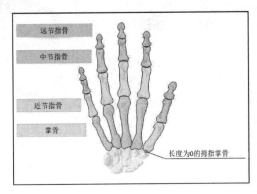

图 6.12　手部骨骼模型[1]

手部 Hand 对象拥有以下这些属性,用来描述检测到手的物理特征:

Palm Position——手掌位置;

Palm Velocity——手掌速率;

Palm Normal——手掌法线向量;

Palm Direction——手掌方向向量;

Sphere Center——球心;

Sphere Radius——球半径。

手掌方向向量和法线向量都是在 LeapMotion 坐标系下描述手的方向的向量,其中手掌法线向量垂直于手掌向外,方向向量朝着手指方向,如图 6.13 所示。

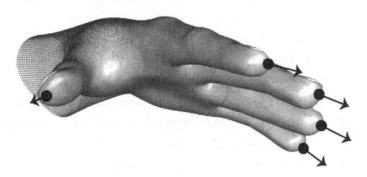

图 6.13　手掌方向向量和法线向量[2]

①　https://dereloper.leapmotion.com/get-started/

②　https://developer.leapmotion.com/documentation/cpp/devguide/Leap_Overview.html

　　球心和球半径描述了一个假想球,这个假想球满足手掌的曲率,恰好可以被手掌握住,球体的大小随着手指弯曲程度而发生变化。当手蜷曲程度较大时,球半径变小,反之则增大,如图 6.14 所示。

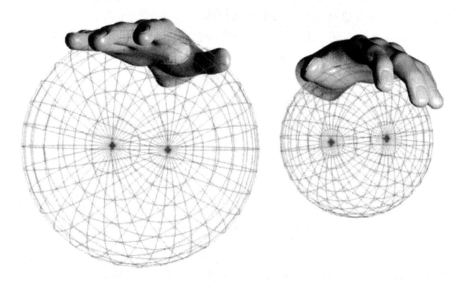

图 6.14　手部假象球①

　　LeapMotion 系统将特定的运动模式判定为手势,进而估计出用户的意图或指令。当检测到一个手势时,系统就将一个手势对象添加到数据帧中,可以通过帧访问手势对象。

　　LeapMotion 可以识别以下几种运动手势,如图 6.15 所示:

　　Circle——画圆,一个手指的圆周运动;

　　Swipe——挥手,手的线性运动;

　　Key Tap——按键点击,如同点击键盘的手指点击运动;

　　Screen Tap——屏幕点击,对电脑屏幕方向进行垂直点击运动。

　　LeapMotion 能同时追踪多个目标,其识别精度高,反应速度快,CPU 占用少等优点。特别是在近距离范围内识别手势动作的精度很高,数据处理速度也很快,小巧的体积使其很容易被内置到笔记本或者某些 VR 设备上,具有很强的扩展性,性价比高,是一种对手势具有很强针对性的体感设备。然而,LeapMotion 也存在一些缺点,从设备的性能来看,它所检测的空间范围比较小,对用户的使用范围有一定的限制性;从技术开放程度来看,因为封装了设备的识别方法和计算过程,在识别算法代码不能开源的情况下,很多开发人员很难对其进行深入学习,阻碍了对更多改进算法的研究[12]。

---

　　① https://developer.leapmotion.com/documentation/cpp/devguide/Leap_Overview.html#hands

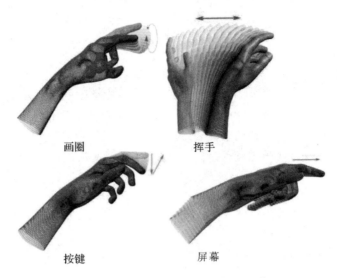

画圈　　挥手

按键　　屏幕

图 6.15　LeapMotion 手势识别示例①

参考文献

[1] 庞小月,郭睿桢,姚乃埌,等. 体感交互人因学研究回顾与展望[J]. 应用心理学,2014,20(3):243—251.

[2] 张诗潮,钱冬明. 体感技术现状和发展研究[J]. 华东师范大学学报(自然科学版),2014(2):40—49.

[3] 张金成. 体感交互技术发展现状及展望[J]. 软件导刊,2016,15(6):115—117.

[4] 张贵. 体感交互及其游戏的设计与开发[D]. 广州:华南理工大学,2014.

[5] 蔡林沁,张建荣,刘彬彬. 基于手势识别的虚拟环境体感交互控制[J]. 华中科技大学学报自然科学版,2015(s1):136—139.

[6] 胡友树. 手势识别技术综述[J]. 中国科技信息,2005(2):42—42.

[7] 黄俊. 基于 LeapMotion 的手势交互在虚拟场景中的研究[D]. 成都:西南交通大学,2016.

[8] 易靖国,程江华,库锡树. 视觉手势识别综述[J]. 计算机科学,2016,43(S1):103—108.

[9] 马风力. 基于 Kinect 的自然人机交互系统的设计与实现[D]. 杭州:浙江大学,2016.

[10] 王松林. 基于 Kinect 的手势识别与机器人控制技术研究[D]. 北京:北京交通大学,2014.

[11] 瞿畅,丁晨,王君泽,等. 基于 Kinect 体感交互技术的上肢关节活动度测量方法[J]. 中国生物医学工程学报,2014,33(1):16—21.

[12] 林书坦,尹长青. 基于 LeapMotion 的数字手势识别[J]. 电脑知识与技术,2015(35):108—109.

---

① https://developer. leapmotion. com/documentation/cpp/api/gen-cpp/class _ leap _ 1 _ 1 _ gesture. html

思考题

1.什么是体感交互,体感交互有什么优点和缺点?

2.假设现在要为一个交互系统设计手势,根据你的经验需要考虑哪些因素?

3.除了书中介绍的 Kinect 和 LeapMotion 以外,目前市面上还有哪些常见的体感交互设备?调研后分析它们的优缺点。

4.自己身边还有哪些地方可以用到体感交互技术,试举例说明。

第7章

眼动跟踪交互

7.1 人眼运动

人类约 80％的信息都是直接通过视觉感知获得的,在所有的感觉通道中,视觉起着最重要的作用。人们通过眼睛获得了大量来自外界的信息。同时,人眼注视点或者视线方向也透露了人们的意图和关注,例如在不适合说话的场景下人们可以通过眼神进行交流,人们在交互过程中会自然地看着交互对象。眼动跟踪(Eye Tracking)是通过机械、光学、电磁等方式跟踪人眼运动的一种技术,它让用户根据视线的停留和扫描来选择、点击屏幕上的图标、菜单等组件,避免了传统人机交互中的鼠标、键盘操作,特别是针对那些肢体残疾的用户而言,减少了操作负荷,提高了操作效率。

基于眼动跟踪的交互方式相比传统交互方式而言,具有直接性、自然性、双向性和高效性等优点。而且眼动跟踪数据能够帮助交互系统深入分析用户交互行为,进而预测用户的交互意图,从而准确地触发交互动作,为用户提供更加人性化和智能化的交互方式。

眼球可以看作是椭圆球体,主要由五个部分组成:虹膜、瞳孔、角膜、晶状体和巩膜。其中,瞳孔与虹膜覆盖于角膜之下,眼球的前极为角膜的中心,后极为眼球后部的中心。前极和后极之间的连线定义为人眼视线的光轴。当眼睛观察感兴趣目标时,需要调整眼球使光线进入到眼球后部的视网膜中心。视网膜上包含很多光感受器,然后通过光神经将光信息传输至大脑。

图 7.1 为眼球结构的示意图,其中包括上下眼睑(Upper and Lower Eyelids)、瞳孔、虹膜和巩膜等。其中,黑色圆心为人眼中心,即虹膜或者瞳孔中心,虹膜与巩膜边界称为异色边缘(Limbus)。眼球的不同层级对光线具有不同的反射作用,在层级表面上形成的反射光斑被称为普尔钦斑(Purkinje Images)。如图 7.2 所示,反射层主要有两部分:角膜和晶状体。角膜前后表面上的反射光斑分别称为第一和第二普尔钦斑;在晶状体前后表面上的反射光斑称为第三和第四普尔钦斑,其中,角膜前表面上的反射光斑亮度最高,也容易在图像上进行识别和处理,因此,下面提到的普尔钦斑也专指这类光斑。

眼球持续运动的目的是获取视觉信息,为了更好地理解眼动在人类视觉信息加工机制中的作用,有必要了解眼睛运动的主要形式。研究表明,眼球周围的肌肉协调控制

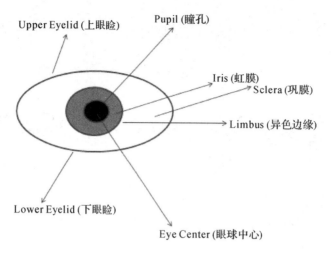

图 7.1 眼球结构示意

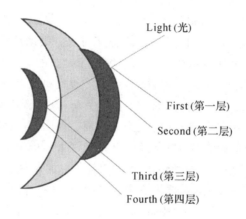

图 7.2 普尔钦斑示意

着眼球在水平、垂直和扭转这三个方位的运动,如图 7.3 所示。在运动方式上,绝大多

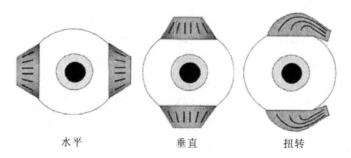

水平　　　　　　　垂直　　　　　　　扭转

图 7.3 眼球运动示意[29]

数人的眼球并不能像双手一样能独立地运动,只能进行同方向同幅度的运动,或者进行对称的会聚与反向的会聚运动。因此,在眼动追踪中通常只需要测量一只眼睛的运动状态即可。

人眼的运动主要包括以下几个基本形态:平滑跟随、扫视、固视微动和眼球振颤。

1. 平滑跟随

平滑跟随是一种慢速的眼动,所以也叫做慢速跟踪运动,它是眼球跟随一个缓慢而平稳运动目标时的运动。此时,眼球运动与目标运动之间保持一种相对稳定的关系。通常,必须存在一个运动的视觉刺激目标时,平滑跟随才能够发生。人眼一般能跟踪运动幅度 $1 \sim 30°$ 的运动目标。平滑跟随包括两部分:跟随运动和跳动。首先,当被注视的物体开始运动时,眼球需要通过一次跳动来调整视线方向,使其重新注视运动目标;接着,眼球可以开始跟踪运动。在跟随过程中,眼球跳动的原因与注视目标的运动速度和方向有关,当运动目标速度过快或者过慢,或者方向突然改变时,眼球必须通过跳动进行校正,使其重新跟随运动目标。研究表明,运动目标的饱和速度为 $25 \sim 30°/s$,当目标速度低于饱和速度时,眼球主要通过跟随运动来跟踪目标;当目标速度高于饱和速度时,眼球需要完成跳动使其运动速度和方向与目标运动速度和方向保持一致。

2. 扫视

扫视运动是一种速度很快的跳跃式运动,扫视运动也叫做眼跳(Saccade)。当眼球从某个目标上移动去注视另外一个目标时,就出现了扫视,扫视能很快地把新目标投入到视网膜的中央凹上。研究表明,从刺激开始到出现扫视运动的潜伏期为 $150 \sim 200ms$。正常情况下,其速度为 $(600° \sim 700°)/s$,最高可达 $1000°/s$。持续时间一般为 $10 \sim 80ms$。扫视运动是非常精确的运动,能精确定位到目标,但也会出现落后于目标或超过目标的现象。扫视运动可能发生在以下几种情况:如果是运动的对象,当所注视的对象和视线之间发生分离,对象从视野中消失时,眼球就会通过扫视进行快速校正或补正,使视线回到原来位置;如果是静止的物体,当眼睛从一个注视点跳到另外一个注视点时也会出现扫视运动。扫视运动的特点是:持续的时间随着运动角度的大小而产生变化,运动角度越大,持续时间就越长;反之亦然。此外,扫视运动的最高速度常常是一定的。

3. 固定微动

人眼视线停留在一个对象上进行凝视时,在无意识的情况下,眼球仍然会不断产生微小的运动,这种情况称为固视微动,也称为微眼跳(Sub-Saccade)。因为这种形式的眼动具有维持眼球位置的作用,故又称位置维持系统。

4. 眼球振颤

眼球振颤分为两种,一种是前庭性眼振,另外一种是视动性眼振。前庭性眼振是当前庭器官受到刺激或者受到一定程度损害时出现的,例如头部运动而身体不动时就会出现前庭性眼振;而视动性眼振是由水平性和垂直性移动诱发的。

7.2 眼动跟踪技术

眼动跟踪的早期研究可以追溯到古希腊,但是真正使用仪器设备对眼动进行观察和实验是从中世纪才开始的。早期的眼动跟踪技术往往对用户的干扰较大,甚至会对用户的健康产生影响。这些眼动跟踪方法主要包括以下几类:

(1)接触镜法[1]。在被测用户角膜上安装一面小镜子(图 7.4(a)),然后从固定位置发射光束到镜子上,通过观察光线反射的方向确定眼睛的运动。

(2)电磁感应法[2]。将用户的头部置于一个磁场环境中,同时将带金属线圈的装置固定在用户的角膜边缘(图 7.4(b))。当用户眼睛运动时,由于电磁感应原理在金属线圈内产生电压,通过测量该电压的变化以了解眼睛的运动方向。随着技术的发展,人们探索出了一些新方法,降低了对用户的干扰。

(3)红外光电反射法[3]。利用红外线照射眼睛(图 7.4(c)),并在眼睛附近安装两只红外光敏管,因为虹膜与巩膜对红外线的吸收率和反射率不同,通过左右红外线光敏管间信号的差值就可以测出当前眼睛运动的情况。

(4)电流记录法[4]。不再需要直接接触眼球,它在人眼周围的皮肤上放置许多电极

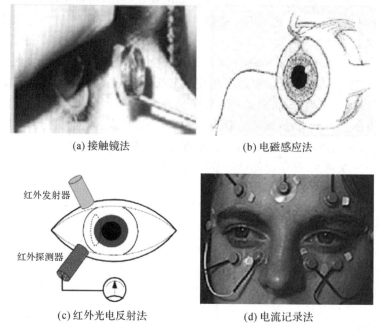

(a)接触镜法   (b) 电磁感应法

红外发射器

红外探测器

(c)红外光电反射法   (d) 电流记录法

图 7.4 早期的眼动跟踪方法

(图 7.4(d)),用于测量眼睛转动时眼睛周围皮肤上微弱的电势变化,即眼电扫描技术(Electrooculography,EOG),再通过放大、分析就可以得知眼睛运动方向。

上述眼动跟踪技术的缺点主要是精度低、使用过程复杂、应用场景受限等。随着计算机技术和图像处理技术的发展,基于视频的眼动跟踪技术成为当前的主流。如图 7.5 所示,一个典型的基于视频的眼动跟踪系统包括一个用于记录眼睛运动图像的摄像机和一台用于分析视频图像、计算眼睛运动方向的电脑。由于该系统运用精确的数学模型计算视线方向,且不必接触用户眼睛,因此具有精度高、对用户干扰小等特点。

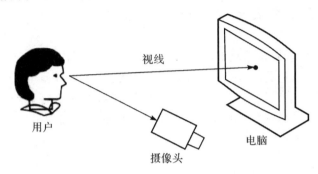

图 7.5　基于视频的眼动跟踪系统示意

基于视频的眼动跟踪算法主要步骤如图 7.6 所示。首先利用摄像机获取用户眼睛图像信息,然后通过图像处理算法提取图像中的特征值,常用的特征值有眼睑轮廓、眼角点、瞳孔中心、普尔钦斑、虹膜轮廓等。其中应用最广泛的特征值是由瞳孔中心、普尔钦斑中心构成的向量(Pupil Center Cornea Reflection,PCCR)[5]。得到特征值后,可使用基于数学模型或基于机器学习的视线计算方法,计算用户在屏幕上的注视点坐标等信息。

图 7.6　基于视频的眼动跟踪算法过程

基于 PCCR 向量的眼动注视点计算方法是目前最常用的方法。该方法通常使用红外光源进行照明,因为在红外光照射下会产生清晰的瞳孔图像,同时会在眼睛上产生明显的普尔钦斑。提取到 PCCR 向量后,可以通过线性拟合等方法计算注视点。该方法具有精度较高、对用户干扰小、简单实用等特点。

7.3 眼动跟踪系统

眼动跟踪系统针对所运行平台的不同,可以分为两大类:基于桌面电脑和基于移动设备的眼动跟踪系统。

7.3.1 基于桌面电脑的眼动跟踪系统

当前,大多数眼动跟踪系统都基于桌面电脑。例如,严伟洪[6]开发了支持头部运动的眼动跟踪系统,运行在 Windows 环境的个人电脑上(图 7.7(a));哥本哈根大学开发的开源眼动跟踪系统 ITU Gaze Tracker。此外,还有针对大屏幕交互的眼动跟踪系统,例如,Zhang 等[7]实现了大型公共设备屏幕上的眼动跟踪系统,可以感知行人的视线(图 7.7(b));Cho 等[8]设计的眼动跟踪系统可以远距离跟踪用户在大屏幕上的注视点(图 7.7(c))。

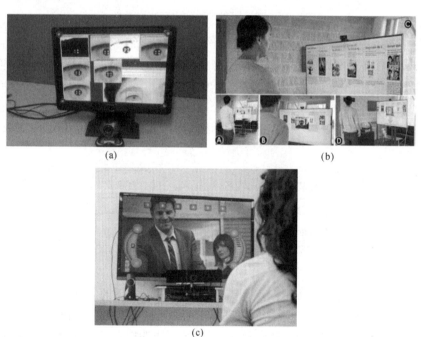

(a)　　　　(b)

(c)

图 7.7　基于桌面电脑的眼动跟踪系统示例

此外,基于桌面电脑的眼动跟踪系统,按照部署和使用方式的不同,还可以分为远程式眼动跟踪[9](Remote Eye Tracking)和头戴式眼动跟踪[10](Head Mounted Eye Tracking)两类。

远程式眼动跟踪系统(图 7.8(a))通过一个或多个外置的摄像头获得人脸与眼睛

图像,然后从图像中提取视线特征参数计算用户视线方向。其优点是对用户的干扰小,但是通常要求用户正对摄像头,头部保持相对固定,且可移动性差。

头戴式眼动跟踪系统(图 7.8(b))将眼动跟踪设备安装在人的头部,例如,通过固定载具或绑带将包括摄像机在内的系统构件固定在头部,以保持设备与人的相对位置不变。其优点在于摄像机与人眼的距离始终保持不变,减轻了后续图像处理工作的难度。缺点在于系统安装在人的头部,对用户有一定的干扰,舒适度有所降低,且摄像头可能会挡住用户视线。例如,王林[11]将摄像头安装在头盔上进行眼动跟踪;德国 Ergoneers 公司推出的 Dikalis 头戴式眼动跟踪系统,具有轻便、小巧、可移动的特点,可用于驾驶、体育、超市消费等场景下的眼动研究。

(a) 远程式眼动跟踪系统　　　　(b) 头戴式眼动跟踪系统

图 7.8　两种不同配置方式的眼动跟踪系统示例

目前,常见的商业化远程式眼动跟踪系统包括如下几个系列:

1. Tobbi 系列眼动跟踪系统

Tobii[①] 是瑞典的一家眼跟踪技术开发商,其提供的解决方案适用于广泛的研究领域,如心理学研究、可用性评估、游戏、医疗诊断等。Tobii 眼动仪简单易用、采样频率高、携带方便。以 Tobii Pro X3-120 型号眼动仪为例,其结构简单、体积小巧,对设备部署环境的适应性强,如图 7.9 所示。

图 7.9　Tobii 眼动跟踪系统示例

---

① https://www.tobii.com.

2. SMI 系列眼动跟踪系统

SMI[①] 眼动跟踪系统利用红外摄像机记录用户眼睛图像,经过图像处理和数据分析,实时计算视线水平和垂直运动的时间、位移距离、速度及瞳孔直径、注视点位置等。以 RED 型桌面式眼动跟踪系统为例,其体积轻巧,仅需要 USB 接口供电,易于在笔记本电脑、台式机以及各类显示器上进行安装,如图 7.10 所示。

图 7.10　SMI 眼动跟踪系统示例

3. ASL 系列眼动跟踪系统

ASL H6 是由美国应用科学实验室研发的眼动跟踪系统。该系统采用红外摄像头记录眼球图像,利用亮、暗瞳技术和瞳孔角膜反射方法,分析计算眼动注视点、眼跳轨迹等数据,如图 7.11 所示。此外,另一款头戴式眼动跟踪系统 ASL Mobile Eye 重量更轻,进一步提高了佩戴舒适度,且该系统的记录设备非常小,在户外或室内运动场景下,用户可将其佩戴在腰带上,如图 7.12 所示。

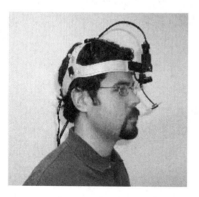

图 7.11　ASL H6 眼动跟踪系统[②]

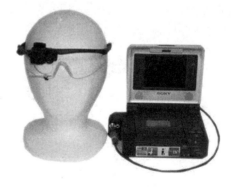

图 7.12　ASL Mobile Eye 眼动跟踪系统

---

① https://www.smivision.com.

② https://baike.sogou.com/h7821870.htm.

7.3.2 基于移动设备的眼动跟踪系统

近年来,基于移动设备的眼动跟踪系统受到更多关注。例如,Dickie 等[12]在智能手机上加装额外光源和摄像头实现眼动跟踪(图 7.13a),原型系统能够区分用户视线是否注视手机屏幕;Miluzzo 等[13]使用手机前置摄像头实现眼动跟踪并设计了 EyeMenu 交互应用系统,用户可以使用视线点击手机菜单上的选项;Mariakakis 等[14]设计的 SwitchBack 系统可利用手机前置摄像头判断用户在阅读时的注视点位置。三星公司的 Galaxy S4 手机支持眼动跟踪技术,当用户注视屏幕时,通过前后倾斜手机将屏幕内容上下滚动;当用户不注视屏幕时,自动暂停视频播放。针对平板电脑,Wood 和 Bulling[15]实现了一种基于模型的双目眼动跟踪系统(图 7.13b),跟踪精度达到 6.88°,处理速度 12fps;Holland 等[16]实现了基于神经网络的眼动跟踪系统,跟踪精度达到 3.95°。本书作者的研究团队研制了基于平板电脑的眼动跟踪系统,当学生在阅读完平板上的课件后,会显示学生的眼动轨迹,帮助老师了解学生的阅读重点,如图 7.13(c)所示。

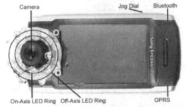

(a) 手机上的眼动跟踪系统

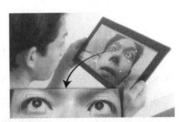

(b) 平板电脑上的眼动跟踪系统

(c)面向用户阅读分析的眼动跟踪系统

图 7.13　基于移动设备的眼动跟踪系统

采用外部硬件设备实现头戴式眼动跟踪是目前的主流方法。早在 2004 年,Lukander[17]提出了在手持移动设备上实现注视点计算并且不限制用户自由运动的原型系统(图 7.14),该系统整合了一个外部的眼动跟踪系统,能够针对掌上电脑获取精确的眼动跟踪数据。本书作者程时伟等[18]开发了一个头戴式眼动跟踪系统,该系统由眼镜框架、场景摄像头和加装了红外光源和滤光片的眼部摄像头组成,如图 7.15 所示。该系统设计了头部运动补偿算法来支持用户头部的自由移动,在个人电脑和智能手机上的平均眼动跟踪精度分别为 0.9°和 1.4°。

图 7.14　整合外部设备的移动设备眼动跟踪系统

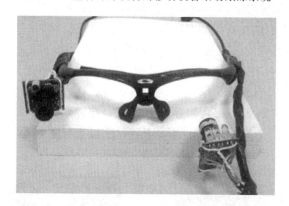

图 7.15　本书作者团队开发的头戴式眼动跟踪系统

　　然而,外加硬件(例如摄像头)也给基于移动设备的眼动跟踪系统带来了缺陷。例如,外加摄像头后使得系统重量增加,长时间使用用户会感到不适与劳累,影响用户体验。此外,还会使系统结构和操作过程更加复杂。另外,也可以使用自带硬件实现基于移动设备的眼动跟踪系统,进行较低精度的眼动跟踪。具体的,根据眼动跟踪的精度级别从低到高又可以分为 3 个层次:①基于行为的眼动跟踪。例如 Mariakakis 等[14]设计了 SwitchBack 系统,该系统可利用手机前置摄像头计算用户瞳孔位置,通过阅读时换行的眼跳行为判断用户当前阅读位置。三星公司在其旗舰手机 Galaxy S4 上内置了一套简单的眼动跟踪技术,主要实现了智能滚屏功能(通过用户视线上下移动来实现屏幕内容上下滚动)和智能暂停功能(通过判断用户视线是否在手机屏幕上实现暂停或开始播放)两个功能;②基于多区域平均的眼动跟踪。Miluzzo 等[13]通过平均划分的 9 块区域获取人眼模板,通过模板匹配来判断注视点处于哪一区域;③基于图像特征的眼动跟踪。Holland 等[19]将瞳孔位置作为特征,通过神经网络学习的方法实现眼动跟踪,眼动精度达到 3.55°。由于受到移动设备硬件性能的限制,这些眼动跟踪系统的跟踪精度和速度差异较大,因此在实际应用中,还不能为上层交互应用提供统一接口,且增加了交互应用的复杂性。

7.4 基于眼动跟踪的交互应用

7.4.1 眼动跟踪交互概述

最初的眼动跟踪主要用于心理学研究,但随着技术的发展,眼动跟踪相关应用领域更加广泛,基于眼动跟踪的人机交互也成为研究热点。最常见的眼动交互应用是为残疾人提供帮助的,例如帮助残疾人使用鼠标、打字等。眼动交互最大的问题就是"米达斯接触"问题[20],即系统难以区分有意识的、具有交互目的的眼动行为和无意识的、随意的眼动行为,这种模糊性导致了眼动交互操作可能被误触发。一种解决思路就是使用显式的眼动交互方式,例如,要求用户注视目标区域一段时间才触发操作。此外,还可以结合其他通道的操作来决定触发操作,如图 7.16 所示,Stellmach 等[21]将眼动与触控结合起来,实现了目标的选取。另外眼动输入还可以与语言[22]、手势[23]等输入通道相结合。

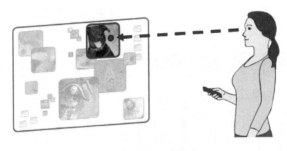

图 7.16　视线结合触控实现目标选取

相比上述显式的眼动交互方式,人们还探索出了一种隐式的眼动交互方式,即通过后台记录眼动数据,分析用户意图,自动化地帮助用户完成部分或全部操作,提升交互的便捷性。例如,记录用户最后的注视区域,在用户视线重新回到屏幕上时给予提示[24]。在用户阅读外文时,当检测到用户看到陌生单词时,自动对单词进行翻译和添加注解[25]。另外还可以通过眼动跟踪感知用户当前上下文信息并触发相应交互,例如Kunze 等[26]通过人们阅读时的眼动数据区分用户阅读书籍的种类,Bulling 等[27]基于用户日常的眼动数据感知用户是在户外还是室内、在休息还是运动、注意力集中还是发散等。使用眼动跟踪获得的上下文信息可以帮助系统更好地与用户进行交互,提升交互过程的人性化和智能化水平。

综上所述,在人机交互过程中,眼动跟踪数据可以在一定程度上反映用户的视觉注意行为,表征当前交互的任务状况和用户的内部认知状态,因此将眼动跟踪技术应用到智能化的人机交互领域具有更高的价值。

7.4.2 基于眼动跟踪的交互应用

研究人员基于摄像头和数字图像处理方法,设计了一种用眼动跟踪技术代替传统鼠标操作的输入方法[28]。该方法通过实时检测和跟踪人脸特征点,判断人脸、瞳孔和眼角在每帧视频图像中的位置变化,进而跟踪用户的视线变化,并记录用户在屏幕上所注视的区域、感兴趣的屏幕界面组件等信息,进而控制鼠标动作。基于视线控制鼠标的系统能自动将光标置于用户感兴趣的目标之上,或者触发其他操作行为,从而解放用户双手。

相比上述的需要识别整个人脸的计算方式,本书作者程时伟等[10]开发了一个更加高效的眼动跟踪系统,不需要识别整个人脸图像,可以减少计算的成本。其基本原理是利用眼动跟踪系统利用带有红外光源的摄像头获取眼部的图像,然后对眼部图像进行二值化处理,并用高斯核函数进行滤波,用来去除图像中的噪声,进一步对眼部图像进行特征提取。在此基础上开发了基于眼动跟踪的打字系统。电脑屏幕上有 A 到 Z 共26 个英文字母,当用户看向这些字母时,实时记录眼动数据,计算出用户看到的字母,然后在电脑屏幕上打印出相应的字母,实现了基于眼动的打字功能,如图 7.17 所示。

类似的,还设计与开发了基于眼动跟踪的游戏系统,用户利用视线代替鼠标,执行打地鼠等电脑游戏,如图 7.18 所示。

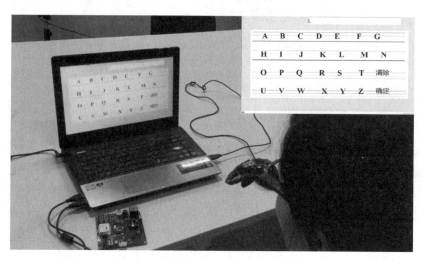

图 7.17　基于眼动跟踪的打字系统

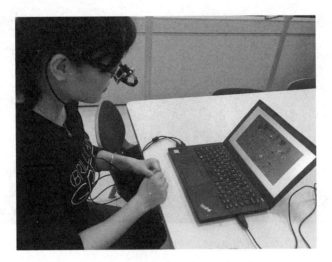

图 7.18　基于眼动跟踪的游戏系统

7.4.3　基于眼动跟踪的评估应用

眼动跟踪技术在神经科学和心理学相关领域也得到了广泛的应用,其研究范围从视觉科学的基础延伸到对视觉美学、用户体验等领域的探索。例如,在轮廓错觉的神经机理研究、视觉神经科学研究、阅读心理学研究、视觉搜索机制研究等工作中,都采用了眼动跟踪技术。此外,还用于广告和用户界面评估等领域,具体介绍如下:

(1)眼动跟踪技术应用于广告、市场营销等领域进行视觉设计评估。给用户展示刺激目标,包括电视节目、体育比赛、电影、商业广告、杂志等,然后用眼动仪记录用户在观察这些刺激目标时的眼动数据,进而对所得到的数据进行统计,通过分析感兴趣区域内的注视点数目、感兴趣区域注视时长、眼跳轨迹长度、眼跳轨迹时长等眼动参数,评估这些刺激目标所表达信息的有效性和受欢迎程度等。

(2)眼动跟踪技术用于网页等用户界面的可用性评估,进而优化网页设计,使其符合用户认知加工特点,提高可用性水平。传统的网页界面可用性评估技术主要从用户操作绩效的角度开展,例如,邀请用户使用网页完成典型操作任务,通过观察、记录用户行为数据,包括任务完成时间、正确完成任务的用户比例、错误类型,以及用户的主观反馈和评价等,结合定量和定性的分析方法评估网页的可用性水平。但这类方法很难比较不同网页界面设计和不同评价指标之间差异性的内在原因,而眼动跟踪技术则为网页可用性研究提供了新途径。利用眼动跟踪数据分析用户在网页界面进行视觉信息加工的具体情况,包括屏幕上感兴趣区域的分布和眼跳转移过程,进而绘制眼动热区图和扫描轨迹图,如图 7.19 所示。

图 7.19　海报上的眼动数据热区图和扫描轨迹图示例

参考文献

[1] Robinson D A. A method of measuring eye movemnent using a scieral search coil in a magnetic field[J]. IEEE Transactions on bio-medical electronics，1963，10(4):137-145.

[2] Collewijn H , Mark F V D, Jansen T C. Precise recording of human eye movements [J]. Vision Research，1975，15(3):447-IN5 .

[3] Erkelens C J. Capture of visual direction: An unexpected phenomenon in binocular vision[J]. Vision Research，1997，37(9):1193-1196.

[4] 张名魁，孙复川. 高抗干扰性的红外光电反射眼动测量仪[J]. 生物医学工程学杂志，1989，6(4):282-286.

[5] Cheng Shiwei，Shi Yuanwu，Sun Shouqian. An approach to usability evaluation for mobile computing user interface based on eye-tracking [J]. Acta Electronica Sinica，2009，37(4A):146-150 (in Chinese)

[6] 严伟洪. 可克服头动的视线跟踪算法研究[D]. 广州:华南理工大学，2013.

[7] Zhang Y，J. M. , Chong M K，et al. GazeHorizon: enabling passers-by to interact with public displays by gaze[C]//Proceedings of ACM International Joint Conference on Pervasive & Ubiquitous Computing . New York: ACM Press，2014，559-563.

[8] Hennessey C，Fiset J. Long range eye tracking: bringing eye tracking into the living room [C]//Proceedings of the Symposium on Eye Tracking Research and Applications. ACM，2012: 249-252.

[9] Han K，Wang X，Zhang Z，et al. A novel remote eye gaze tracking approach with dynamic calibration[C]//Multimedia Signal Processing (MMSP)，2013 IEEE 15th International Workshop on. IEEE，2013:111-116.

[10] 程时伟，孙志强. 用于移动设备人机交互的眼动跟踪方法[J]. 计算机辅助设计与图形学学报，2014，26(8):1354—1361.

[11] 王林. 头部可运动的头戴式视线跟踪系统关键技术研究[D]. 合肥:中国科学技术大

学，2014.

[12] Dickie C，Vertegaal R，Sohn C，et al. eyeLook：using attention to facilitate mobile media consumption[C]//Proceedings of the 18th annual ACM symposium on User interface software and technology. ACM，2005：103-106.

[13] Miluzzo E，Wang T，Campbell A T. EyePhone：activating mobile phones with your eyes [C]//Proceedings of the second ACM SIGCOMM workshop on Networking，systems，and applications on mobile handhelds. ACM，2010：15-20.

[14] Mariakakis A，Goel M，Aumi M T I，et al. SwitchBack：Using Focus and Saccade Tracking to Guide Users' Attention for Mobile Task Resumption[C]//Proceedings of the 33rd Annual ACM Conference on Human Factors in Computing Systems. ACM，2015：2953-2962.

[15] Wood E，Bulling A. Eyetab：Model-based gaze estimation on unmodified tablet computers [C]//Proceedings of the Symposium on Eye Tracking Research and Applications. ACM，2014：207-210.

[16] Holland C，Garza A，Kurtova E，et al. Usability evaluation of eye tracking on an unmodified common tablet[C]//CHI'13 Extended Abstracts on Human Factors in Computing Systems. ACM，2013：295-300.

[17] Lukander K. Measuring gaze point on handheld mobile devices[C]//CHI'04 Extended Abstracts on Human Factors in Computing Systems. ACM，2004：1556-1556.

[18] 程时伟，孙志强，陆煜华. 面向多设备交互的眼动跟踪方法[J]. 计算机辅助设计与图形学学报，2016，28(7)：1094—1104.

[19] Holland C，Komogortsev O. Eye tracking on unmodified common tablets：challenges and solutions[C]//Proceedings of the Symposium on Eye Tracking Research and Applications. ACM，2012：277-280.

[20] Velichkovsky B，Sprenger A，Unema P. Towards gaze-mediated interaction：Collecting solutions of the "Midas touch problem"[C]//Human-Computer Interaction INTERACT'97. Springer US，1997：509-516.

[21] Stellmach S，Dachselt R. Look & touch：gaze-supported target acquisition[C]//Proceedings of the SIGCHI Conference on Human Factors in Computing Systems. ACM，2012：2981-2990.

[22] Miniotas D，Špakov O，Tugoy I，et al. Speech-augmented eye gaze interaction with small closely spaced targets[C]//Proceedings of the 2006 symposium on Eye tracking research & applications. ACM，2006：67-72.

[23] 肖志勇，秦华标. 基于视线跟踪和手势识别的人机交互[J]. 计算机工程，2009，35(15)：198—200.

[24] Jo J，Kim B，Seo J. EyeBookmark：Assisting recovery from interruption during reading [C]//Proceedings of the 33rd Annual ACM Conference on Human Factors in Computing Systems. ACM，2015：2963-2966.

[25] Hyrskykari A，Majaranta P，Aaltonen A，et al. Design issues of iDICT：a gaze-assisted translation aid[C]//Proceedings of the 2000 symposium on Eye tracking research & applications. ACM，2000：9-14.

[26] Kunze K，Utsumi Y，Shiga Y，et al. I know what you are reading：recognition of document

types using mobile eye tracking[C]//Proceedings of the 2013 International Symposium on Wearable Computers. ACM，2013：113-116.

[27] Bulling A，Weichel C，Gellersen H. Eyecontext：Recognition of high-level contextual cues from human visual behaviour[C]//Proceedings of the sigchi conference on human factors in computing systems. ACM，2013：305-308.

[28] 郭晓波. 基于视线跟踪技术的眼控鼠标系统研究[D]. 天津：天津大学，2009.

[29] 欣益行. 基于眼动的文本输入系统设计与实现[D]. 南京：南京大学，2015.

思考题

1. 眼动跟踪技术的缺点和优点有哪些？
2. 眼动跟踪技术可以分为哪几类？
3. 如果将眼动跟踪和虚拟现实结合，可以开发哪些新的人机交互应用？
4. 如何利用机器学习促进眼动跟踪技术？
5. 在大数据的背景下，眼动跟踪技术是否可以和大数据建立联系？

第8章

脑机交互

8.1 脑机交互概述

脑机交互(Brain Computer Interaction,BCI),也称脑机接口(Brain Computer Interface,BCI),是一种能够让人脑与外部环境直接进行交互的系统[1]。它不依赖于正常的神经肌肉传导通道,而是直接通过采集脑电或者其他与脑活动相关的信号来推理人的想法和意图。脑机接口的基本工作原理是:当受试者受到外部的刺激或者大脑进行某种思维活动(如产生某种动作意识)时,其神经电活动会发生相应的变化,这些被动或主动的神经响应形成了不同的脑电时空尺度模式。通过脑电信号的采集和处理,这种变化可以被检测出来,并形成特征信号[2]。通过对这些特征信号进行模式识别,即可把人的这些思维活动翻译为外部设备的控制命令,直接来控制外部设备,如字符输入、电灯开关、假肢运动等,从而使用户能够直接与外部环境进行交流。

脑机交互也是当前人机交互研究领域的热点之一,涉及脑科学、医学、数学、计算机科学、信号处理、自动控制、传感器等,具有高度的学科交叉性。作为一门新兴的交叉学科技术,脑机交互技术的许多应用都处于探索阶段。脑机交互最初的研究动机是为运动性障碍的残疾人提供辅助康复技术[3]。肌萎缩性脊髓侧索硬化症(Amyotrophic Lateral Sclerosis,ALS)和脊髓损伤患者,通常会退化到所谓的闭锁(Locked-in)状态而丧失与外界的联系,脑机交互就成为他们与外界交流的可能途径。根据《第二次全国残疾人抽样调查》,我国残疾人数占全国总人口的比例为 6.34%,其中肢体残疾人数已超过 2400 万。随着城市人口的增长、交通意外事故等问题的日益突出,这一数字还在不断上升。另外,随着我国老龄化社会的来临,中风、老年痴呆、帕金森病等疾病的发病率和发病人数也在上升,带来了巨大的社会问题和经济负担。而脑机交互可以提高病人的独立生活能力,康复其神经系统部分功能,减轻病人的痛苦,同时也减轻社会和家庭的负担。此外,随着计算机技术和生物传感技术的发展,脑机交互的应用前景已大为改善,其不仅可以用于助残领域,也可用于包括游戏娱乐、军事等在内的其他潜在应用领域。

BCI 的出现,使得用人脑信号直接控制外部设备的想法成为可能。要想实现脑机交互,必须有一种能够可靠反映人脑不同状态的信号,并且这种信号能够实时(或短时)被提取和分类。目前可用于 BCI 的人脑信号的观测方法和工具有:脑电图(Electroencephalogram,EEG)、脑磁图(Magnetoencephalogram,EMG)和功能核磁共振图象(functional Magnetic Resonance Imaging,fMRI)等。由于 EEG 脑电的采集相对容易、时空分辨率较高,已经成为 BCI 研究领域最常用的信号之一。

8.2 脑电研究现状

脑电是大脑在活动时,大量神经元同步发生的突触后电位经汇总后形成的。它记录大脑活动时的电波变化,是脑神经细胞的电生理活动在大脑皮层或头皮表面的总体反映。现代科学研究发现,脑电是一些自发的有节律的神经电活动,其频率变动范围在每秒 1～30 次之间的,可划分为四个波段,即 δ(1～3Hz)、θ(4～7Hz)、α(8～13Hz)、β(14～30Hz)。除此之外,在觉醒并专注于某一事时,常常出现一种频率较 β 波更高的 γ 波,频率为 30～80Hz,波幅范围不定;而在睡眠时还可出现另一些波形较为特殊的脑电波,如驼峰波、σ 波、λ 波、K—复合波、μ 波等。主要的脑电成分包括以下几类。

(1)δ 波。频率为 1～3Hz,幅度为 20～200μV。当人在婴儿期或智力发育不成熟期、成年人在极度疲劳、昏睡或麻醉状态下,可在大脑颞叶和顶叶区记录到这种波段。

(2)θ 波。频率为 4～7Hz,幅度为 5～20μV。在成年人意愿受挫或抑郁,以及精神病患者中这种波极为显著。但此波为少年(10～17 岁)脑电图中的主要成分。

(3)α 波。频率为 8～13Hz(平均数为 10Hz),幅度为 20～100μV。它是正常人脑电波的基本节律,如果没有外加的刺激,其频率是相当恒定的。人在清醒、安静并闭眼时该节律最为明显,睁开眼睛受到光刺激或接受其他刺激时,α 波即刻消失。

(4)β 波。频率为 14～30Hz,幅度为 100～150μV。当精神紧张、情绪激动或亢奋时出现此波,当人从噩梦中惊醒时,原来的慢波节律可立即被该节律所替代。

在人心情愉悦或静思冥想时,一直兴奋的 β 波、δ 波和 θ 波将减弱,而 α 波将相对得到强化。因为这种波形最接近右脑的脑电生物节律,而人的灵感也往往在此时出现。

20 世纪 90 年代以来,随着计算机技术的发展以及机器学习、人工智能等领域的成熟,BCI 技术成为研究热点,众多国内外研究人员对 BCI 进行了大量研究,并取得了一定成果。为了实现对脑机交互系统的控制,受试者需要有意识地对自己的大脑信号进行调节,这些被动或主动的神经响应形成了不同的脑电信号模式。常用的脑电信号模式包括以下几类:

(1)P300。P300 是大脑认知过程中的一种诱发电位,属于事件相关电位(Event-Related Potential,ERP),它表示人在接收到事件刺激后,大约经过 300ms 的潜伏期之后,会产生一个正向的波峰。P300 的波幅与相关靶刺激出现的概率成反比,即靶刺激出现的概率越大,P300 的幅值就越小,而靶刺激出现的概率越小,则相应的 P300 幅值越大。典型的 P300 脑机交互系统是由 Farewell 等[4]设计的虚拟打字机,该虚拟打字机界面由一个 6 行 6 列的随机字符矩阵组成,实验时,要求被试集中注意力想所要选择的字符。实验结果表明,该 BCI 系统的准确率能够达到 80%,平均通信速率达到 7.8 字符/min。

(2)稳态视觉诱发电位(Steady State Visual Evoked Potential,SSVEP)。视觉诱发电位指的是视觉神经系统受到刺激所产生的特定生物电活动。在不同的刺激模式下,根据在大脑视觉皮层测量到的诱发电位与视觉刺激的对应关系,可以相应的判断出被试的刺激模式,进而发送相应的控制输出命令。不同的视觉刺激产生的诱发脑电也会不同,根据频率的差异,视觉诱发电位又可分为瞬时视觉诱发电位和稳态视觉诱发电位。当刺激的频率为大于等于 5—6Hz 时,就会产生周期性的诱发电位,这种视觉诱发电位就称之为稳态视觉诱发电位。基于 SSVEP 典型的 BCI 系统是高上凯等人设计的自动拨号系统[5]。拨号界面的每个键均以一定的频率闪烁。当被试注视某个拨号键时,SSVEP 就会主要含有该频率倍数的频率成分,BCI 系统根据这个频率来选择键盘上的按键实现拨号功能。该拨号 BCI 系统的平均准确率达到 87.5%,平均通信速率达到 68 bits/min。

(3)慢皮层电位(Slow Cortical Potential,SCP)。SCP 反映产生于大脑皮层的电位变化情况,持续时间从 300 毫秒到几秒,SCP 能够反映出皮质 I、II 层的兴奋情况,通过一定程度的反馈训练,被试可以控制 SCP 幅值产生正向或者反向的偏移。Hinterberger 等[6]利用 SCP 原理为肌萎缩病人设计了思维翻译(Thought Translation Device,TTD)系统。通过训练,病人可以掌握控制 SCP 的幅值,继而通过 TTD 系统与外界进行交流。研究表明,当 SCP 的幅值控制正确率达到 75% 以上时,就能够使用 TTD 在计算机中进行拼写。

(4)事件相关去同步(ERD)和事件相关同步(ERS)。当大脑皮质区域受到感官、动作指令或运动想象等刺激而处于激活状态时,可以导致这些区域产生的脑电信号中相应频段,如 α 波和 β 波的低频部分出现幅值衰减的现象,称为事件相关去同步(Event Related Desychronization,ERD);而大脑处于静息或惰性等无刺激状态时,大脑皮层电信号中的 α 波和 β 波出现幅值增加的现象,则称为事件相关同步(Event Related Synchronization,ERS)。基于 ERD/ERS 的 BCI 系统目前主要用于辨别运动想象任务下的脑电信号,通过分析被试在不同运动想象模式下 ERD/ERS 脑电能量的分布情况来判别想象内容,并输出相应的控制信号。GRAZ 大学 Pfurtschller 等[7]开发了 GRAZ I 和 GRAZ II 等 BCI 系统,GRAZ I 系统通对左右手运动想象脑电信号的分类识别率可达 85%;GRAZ II 系统对被试左右手食指和右脚的运动想象脑电信号进行分类,准确率可达 77%。

8.3 脑电数据分析方法

在上节中介绍了常见的脑电信号模式,这些涉及一个重要的过程,即对脑电信号的分析和处理。对脑电信号的研究,研究人员提出了很多特征提取和分析方法,主要包括以下几类:

(1)功率谱分析法。功率谱分析法从频域角度对脑电信号进行分析,能够很好地反映出信号的能量变化过程。传统的功率谱分析方法直接通过傅里叶变换进行功率谱估计,虽然容易实现,但分辨能力有限;现代功率谱估计中常用的方法是自回归模型(简称AR 模型),与传统功率谱方法相比,AR 模型法的优势在于:只需要短程数据就能够获得高分辨率的谱估计;同时能够方便的转化为特征向量。张毅等[8]通过 8 阶 AR 模型来逼近脑电数据,并将 AR 模型系数作为脑电信号的特征量来进行特征分类,正确识别率达到 75%。

(2)小波变换法。小波变化对信号在时域和频域内进行联合分析。小波变换具有多分辨率特性,能够将信号的各个频带分解,进而重构各个频带的信号,小波变换能够在分解与重构信号的过程中,提取出信号的隐藏特征。Wei-Yen Hsu 等[9]使用离散小波变换(Discrete Wavelet Transform,DWT)对脑电信号进行特征提取,通过对脑电信号的离线分析获取 DWT 所需参数,并利用线性判别分类方法进行分类,得到了较高的识别率。

(3)独立成分分析。利用独立成分分析(Independent Component Algorithm,ICA)方法对脑电信号进行分析,可以从脑电信号中提取出心电及眼电信号,同时可以分离出工频干扰等噪声信号,从而有效地增强脑电信号中所要分析的节律成分。Lemm 等[10]用 ICA 方法对脑电信号进行分解,并根据所得到的权值去除无关的噪声数据,显著提高了脑电信号的信噪比。Navarro 等[11]开展对比试验,结果表明,使用 ICA 方法处理脑电数据比不使用 ICA 方法的正确识别率至少提高了 20%。

(4)支持向量机(Support Vector Machine,SVM)。是一种基于统计学的方法,其原理是将低维空间不可分的数据映射到高维空间中,并通过计算得到一个最优面,从而使样本线性分开。Shoker 等[12]在研究左右手运动想象脑电信号的 μ 节律时,利用SVM 进行分类,较好地解决了非线性、维数高、样本小、局部极小点等问题,并获得了83.5%以上的分类准确率。

(5)人工神经网络(Artificial Neural Network,ANN)。是通过模拟大脑神经网络特征而建立的数据处理算法,人工神经网络具有极强的学习能力和适应能力,它能够通过一定的训练和学习获取网络的结构特征。近年来,神经网络方法被广泛用于脑电信号研究中,例如 C. W. Ko 等[13]利用神经网络来检测瞬时的脑电信号异常波,得到了83%左右的正确识别率。

(6)共空间模式算法。共空间模式(Common Spatial Pattern,CSP)算法的基本原理是,对两个协方差矩阵同时进行对角化来设计最优的空间滤波器,进而区别左手运动想象和右手运动想象的脑电信号特征。Sun. S 等[14]针对脑电信号提出核特征提取算法(Kernel Feature Extractor),该方法的核心是将 CSP 线性滤波器拓展到高维的核空间中,利用该方法对脑电信号中的非线性混叠现象进行研究,并取得了较好的效果。

8.4　脑机交互应用

BCI 领域研究的最初目的是帮助瘫痪和残疾者。所以,迄今为止,BCI 的一些主要应用都集中于医学领域。另一方面,近年来 BCI 技术在非医学领域的应用也呈稳定上升的趋势,例如游戏和娱乐应用中的新型用户界面,以及海量图片分类与测谎等实际应用,但大多数仍然处于研究的初期阶段。下面对主要的 BCI 应用领域进行介绍:

1. 脑控轮椅

轮椅是重要的助残设备,有着运动障碍的患者需要依赖电动轮椅,然而部分重度残疾患者不能有效控制传统接口(控制杆)的轮椅。利用脑机交互技术,开发脑控轮椅将有助于提高严重运动障碍的残疾人的生活质量和自理能力,如图 8.1 所示。目前,脑控轮椅根据其控制方式可分为两大类:一类是通过脑电信号直接控制轮椅;另一类是通过脑机接口和自动驾驶系统协同控制轮椅。

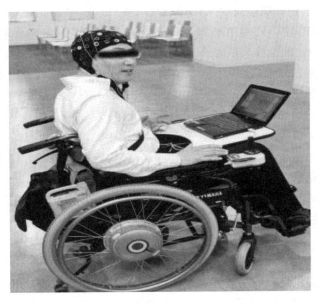

图 8.1　脑控轮椅示例[15]

脑控轮椅的研究起始于 2005 年,Tanaka 提出了基于运动想象的脑控轮椅,通过 3 种不同的脑电信号模式分别直接控制轮椅的前进、左转和右转[16]。类似研究直接通过脑电信号控制轮椅的还有 Millan 课题组[17]、A. Cichocki 课题组[18]等,他们都是用运动想象控制轮椅的运动方向[19]。阿根廷圣胡安国立大学的 Pablo F. Diez 等开发了基于 SSVEP 的脑控轮椅,通过检测 4 种不同闪光频率对用户脑电信号引起的变化,控制轮椅的前进、左转、右转和停止[20]。华南理工大学 BCI 小组开发了一个多模态脑控轮椅,结合运动想象中的 mu/beta 节律和 P300 电位实现方向和速度的控制,包括轮椅的左转、右转、启动、停止、加速、减速等[21],并结合 SSVEP 和 P300 电位实现了轮椅的停止和启动[22]。

近年来,部分学者开始研究通过脑机接口和自动驾驶系统协同控制轮椅。这类脑控轮椅加入了自动导航系统,使轮椅的安全性得到了保障。同时,用户不需要长时间直接通过脑机接口控制轮椅,这样会一定程度地减轻用户的心理负荷和疲劳程度。Guan 等开发的脑控轮椅,通过 P300 选择目的地,一旦选择了目的地,轮椅就会根据自动导航行驶到目的地[23]。Iturrate 等[24]将基于 P300 的脑机接口和自主导航系统结合在一起,行驶路径和目的地根据当前环境自动产生,并通过脑机接口驱动轮椅到达目的地,同时使用激光扫描仪检测环境中的障碍物以避免产生碰撞,使得用户在未知的和不断变化的环境下更安全地控制轮椅。

2. 运动恢复

BCI 研究的另一个主要动机是为截肢和瘫痪的人们开发能够用神经信号进行控制的假肢设备。恢复瘫痪患者运动能力的早期研究工作在 Pfurtscheller 等人所著的文章中有相关描述[25]。因脊髓损伤造成瘫痪的受试者通过学习,调节感觉运动的节奏,控制手臂和手部肌肉的功能性电刺激来完成简单任务,如握住一个玻璃杯。Daly 和 Wolpaw 提出了通过脑机接口恢复瘫痪患者运动能力的策略:通过训练患者产生更多"正常"运动的脑电信号,以及训练患者控制完成移动的设备[26]。Birbaumer 和 Cohen 提出了一种基于脑磁图(Magnetoencephalography,MEG)的脑机交互系统,受试者通过想象手部的运动来调制脑电信号中感觉运动节律

(Sensorimotor Rhythms,SMR,是一种在肌肉处于放松状态时产生的有节律的脑电)的幅度,从而实现其手部张开或闭合的响应,实验结果表明五位瘫痪和中风患者中的四人能够根据自己的意愿,使用基于 MEG 的脑机接口张开和闭合手部。Moore Jackson 等人重点研究了脑机交互在康复机器人方面的应用,即 KINARM 系列产品(加拿大 BKIN 技术有限公司)[27],在该系统中,受试者可通过想象伸手拿取目标的方式来控制机器人。针对上肢偏瘫的中风病人,新加坡 Infocomm 研究中心使用运动想象脑机接口与机器人的反馈进行神经功能康复治疗。清华大学的 BCI 小组开发了一个结合运动想象脑机接口和功能性电刺激(Functional Electrical Stimulation,FES)的上肢康复训练系统,如图 8.2 所示。

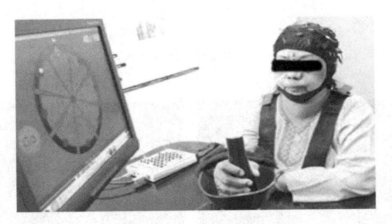

图 8.2 使用运动想象脑机接口与机器人的反馈进行神经功能康复治疗(中风患者)[28]

3. 认知恢复

BCI 可用于治疗认知神经障碍。例如,一些团队正在研究预测癫痫和检测癫痫发作的方法。如果成功的话,这些方法能结合到 BCI 中,通过监控大脑来检测癫痫的发作,一旦检测到癫痫病发作的潜在可能时,在它扩散到大脑其他部位之前,通过适当的药物和刺激交感神经来阻止癫痫的发作。

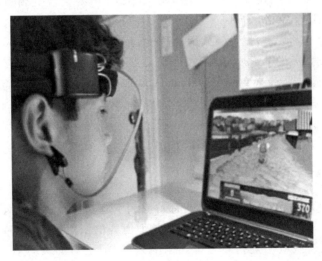

图 8.3 注意力缺失症的治疗:3D 游戏训练(小儿多动症患者)[29]

脑机交互技术还可应用在注意力缺失症的治疗上。针对小儿多动症患者,Pires 等人开发了一套基于 SSVEP 脑机接口的 3D 游戏训练系统[30]。如图 8.3 所示,在游戏中,要求孩子集中精力注视屏幕上的卡通人物运动,如果他们不集中精力,卡通人物将变得模糊。此外,脑机接口还可用于抑郁症、帕金森等疾病的治疗。

4. 拼写输入

研究基于 EEG 的非侵入式 BCI 的主要动机是使患了诸如 ALS 的病人恢复交流的能力。

(a) 字符以行和列为单位按随机次序进行闪烁[4]　　(b) 以单个字符形式按随机次序进行闪烁[31]

图 8.4　基于 P300 的字符拼写系统示例

1988 年,脑机交互第一次被成功应用于交流沟通,美国 Illinois 大学的 Farwell 和 Donchin 首次利用 P300 设计了一种字符输入系统[32],提供视觉刺激的 6×6 字符矩阵,包括字母、数字和空格,如图 8.4(a)所示。该矩阵按照行与列的方式随机闪烁,即同时加亮某一行或者某一列的字符,因此称为行列(Row-Column,RC)刺激范式。在进行 P300 检测时,激发了 P300 的行和列交叉点处的字符即为目标字符;此外也可以只激活单个字符,如图 8.4(b)所示。后来,很多 BCI 系统都采用这种范式,并成功应用到严重运动障碍的患者上。其中一个著名的案例是美国 Wadsworth 研究中心为一名几乎完全丧失了运动能力的 ALS 瘫痪病人开发了一个基于 P300 的字符输入系统,使其可以通过 BCI 写电子邮件,与外界交流。

5. 游戏和娱乐

很多传统的 BCI 范式(如光标控制)都可应用于游戏领域。对于医学上的应用,如菜单选择或基于神经反馈的康复,使用一个类似游戏的交互模式能够帮助维持病人的使用兴趣。虽然这些应用期初不是以娱乐为目的,但是为健康用户开发游戏是目前 BCI 应用领域发展最快的方向之一,其主要原因包括:一方面,目前电子游戏存在巨大的市场,使 BCI 在医学上的应用相形见绌;另一方面,与诸如 BCI 控制轮椅这些应用不同,BCI 在游戏中的缺陷虽然可能令玩家烦恼,但是通常不会对玩家或是附近的人造成伤害,这减轻了产品所承担的责任;此外,BCI 能够作为游戏中的一个控制接口,易于与其他传统接口结合,比如控制杆、手柄、手势识别系统等。因此,不像 BCI 在医学上的应用,游戏领域的 BCI 可以灵活依赖于 EEG、EMG,并结合手、身体的运动,实现新颖的多通道人机交互方式。

图 8.5　Emotiv①

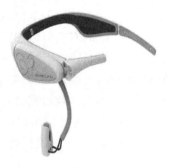

图 8.6　MindWave 耳机②

图 8.7　MindWave③ 控制的 Arduino④ 小车

　　近年来,一些商业化的 BCI 娱乐系统开始出现在市场上,这些系统使用少量干电极,尝试从头皮上采集 EEG 信号,用于控制计算机屏幕或实际场景中的目标。例如,基于 Emotiv(EPOC 耳机,如图 8.5 所示)和 Neurosky(MindWave 耳机,如图 8.6)的脑机交互应用系统,以及 Mattel 制造出的脑控耳机 MindFlex 系统等。这些系统比在科学

---

① https://www.emotiv.com.
② https://store.neurosky.com/pages/mindwave.
③ https://store.neurosky.com/pages/mindwave
④ http://www.arduino.cn

第 8 章　脑机交互

127

研究和医学临床上使用的传统湿电极 EEG 系统更加便宜,并且更容易穿戴和操作。然而,这些系统也存在一个明显的缺陷,即 EEG 信号中存在大量噪声数据,数据精度无法得到有效的保证。例如,有些时候 EEG 信号中混有面部和颈部肌肉活动造成的 EMG 信号、眼电信号、皮肤阻抗变化信号,甚至包括工频噪声。

尽管如此,在游戏与娱乐等领域,仍然可以应用这些系统开发一些简便的交互应用。如图 8.7 所示,本书作者研究团队发了一套基于 MindWave 和 Arduino 的脑控小车,MindWave 实时获取和分析出脑电信号中的注意力数值,当注意力集中时,小车加速行驶;注意力分散时,小车减速行驶。

6. 测谎

BCI 的一个应用是测谎和判断某人是否了解犯罪情况,这在刑事、司法界引起了人们的极大兴趣。提到测谎技术,也许有人会认为这是一种检测谎言或测试犯罪嫌疑人口供真假的技术,但事实并非如此,测谎技术是一种检测罪犯的犯罪过程、对象及环境等心理痕迹的方法,是一项心理鉴定技术。主测人员在充分了解实际案情的基础上设计问题,然后向被测者提问,从而使其形成心理刺激;同时采用高精密的仪器记录被测者的有关生理反应,并对采集到的数据进行峰值或图谱分析,通过了解被测者对所提问题的回答来评判其与犯罪活动之间的关系。传统的多导测谎技术又称犯罪心理测试技术,它是在记忆心理学、情绪心理学等学科基础建立起来的一项侦查技术。这项技术的理论依据是人脑对经历过的事物都会存留一定的记忆,而且不同感知强度的刺激信息直接影响了记忆的持续时间。对罪犯来说,犯罪现场会带给他们强烈的心理刺激,并留下深刻的心理痕迹。当罪犯再次看到或者听到与案件有关的信息时就会引起一系列情绪变化,比如呼吸速度异常、血压升高或心跳加快等,从而将其作为测谎技术的测量指标。后来研究人员发现,通过后期训练人们可以有效地控制这些生理反应,继而出现了反测谎技术,这种技术严重影响了传统测谎仪的准确率。

近年来,随着人们对脑认知科学研究的深入,基于 ERP 事件相关电位技术的测谎技术被广泛应用。它的理论依据是当被测者看到自己熟悉的或者对自己有重要意义的信息时,都可诱发显著的 P300 波,而且它不仅不受主观意识控制,也不易受反测谎行为的影响,故而被大范围推广和研究,已成为现代测谎技术的重要手段之一。1987 年 Rosenfeleld[33] 通过让被试记住照片中人物的相貌和衣着特征,并以此作为靶刺激,首次利用 ERP 进行测谎,并获得实验上的成功。随后 Wolfgang Ambach 等[34] 采用模拟犯罪方案,将物品的图片和文字描述分别组成刺激序列,采用皮肤电与 ERP 相结合的多模式测量技术对被试进行测试,得到较高的准确率。Elena Labkovsky 等[35] 针对反测谎行为,通过让被试者故意对无关刺激做出反测谎行为,发现随着反测谎行为的加入,被试的响应时间增长,并且意外地发现了 P900 波。为了进一步确定影响测谎识别率的因素,2012 年 Rosenfeld 等[36] 设计实验,将被试分为控制组和说谎组,并让控制组诚实回答问题,而说谎组故意隐瞒信息,发现增强被试者的欺骗意识有助于提高脑电皮层成像(Cortical Imaging Technique,CIT)范式的测试准确率[37]。与此同时,国内许多学者也对基于 ERP 的测谎技术进行了实验性的探讨研究。结果表明，无论受试者承认与否，对自己熟悉的图片都可诱发明显的 P300，继而发现受试者心理因素也会影响其准确率，即受试者注意力不集中时诱发的 P300 波会明显减小，测谎准确率降低。

7. 警觉性检测

BCI 的一个潜在应用是监测人们在执行关键但可能单调的任务时的警觉性，比如驾驶检测。每年许多灾难性交通事故都是由于驾驶者疲劳、困乏，甚至睡着导致的。如果能够通过检测脑电信号来检测从人们警觉清醒状态到缺乏警觉性状态的转变，就可以避免这种交通事故。尽管困倦和睡眠状态可以通过检测眨眼和闭眼来判断，但是当检测到闭眼时已经太迟，来不及阻止事故的发生。疲劳检测的研究在很大程度上就是要分析出哪些因素与人的疲劳程度有关，从而根据这些相关因素来判断人的疲劳状态。判断疲劳程度最常用的方法就是判断人集中精力执行一项操作任务时所表现出的灵敏程度，也称警觉度（Vigilance）。

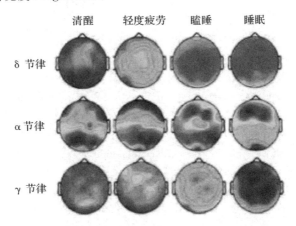

图 8.8　不同节律下的脑地形图与警觉度的对应关系[38]

随着脑科学的发展、信号处理技术的进步以及对 EEG 的深入研究，人们发现脑电信号与警觉度密切相关，图 8.8 表示的是不同节律下的脑地形图与警觉度的对应关系。EEG 信号相对于其他信号而言，能更直接地反映大脑本身的活动，并且有更高的时间分辨率。因此，目前基于脑电信号的警觉度研究已经成为一个主流方向。美国加州大学圣迭戈分校 Swartz 计算神经科学中心自 1993 年起就展开了相关研究，他们侧重于分析警觉度与脑电频谱特征间的对应关系，以及大脑皮层与警觉度相关的脑区放电方式[39]。2005 年起，台湾新竹交通大学脑科学研究中心利用脑电频谱特征，结合模糊神经网络等模式识别算法，进行了一系列的模拟驾驶环境下的警觉度检测系统研究[40]，同时与 Swartz 中心就干电极脑电采集技术以及脑电信号处理等问题进行了合作研究，致力于研制便携式的脑电采集设备[41]。2007 年，新西兰坎特伯雷大学生物工程系利用递归神经网络，尝试在数秒内快速完成实时的警觉度检测[42]。这些研究结果表明,通过跟踪特定频带 EEG 能量的变化,可以实现用于警觉性监控的非侵入式 BCI 应用系统。然而大多数研究还都是在实验室条件下展开,因此这些技术预测警觉性水平的能力是否能有效运用到实际环境中,例如卡车司机所处的工作环境,还有待进一步验证。

参考文献

[1] Wolpaw, J. R, et al. Brain – computer interfaces for communication and control[J]. Clinical neurophysiology, 2002. 113(6):767-791.

[2] Birbaumer, N. and L. G. Cohen, Brain – computer interfaces: communication and restoration of movement in paralysis[J]. The Journal of physiology, 2007. 579(3):621-636.

[3] Birbaumer, N., et al., A spelling device for the paralysed[J]. Nature, 1999. 398(6725): 297-298.

[4] Farwell L A, E, Donchin. Talking off the top of your head: toward a mental prosthesis utilizing event-related brain potentials[J], Electroenceph & Clinical Neurophysiology, 1988, 70: 510-523.

[5] Cheng M, Gao X R, Gao S K. Design and implementation of a brain-computer interface with high transfer rates [J], IEEE Transactions on Biomedical Engineering, 2002,49(10):1181-1186.

[6] Birbaumer N, Hinterberger T, Kubler A, et al. The thought-translation device (TTD): neurobehavioral mechanisms and clinical outcome[J]. Neural Systems & Rehabilitation Engineering IEEE Transactions on, 2003, 11(2):120-123.

[7] Pfurtscheller G, Neuper C, Guger C, et al. Current trends in Graz brain-computer interface (BCI) research [J]. IEEE Transactions on Rehabilitation Engineering A Publication of the IEEE Engineering in Medicine & Biology Society, 2000, 8(2):216-219.

[8] 张毅,杨柳,李敏,等. 基于 AR 和 SVM 的运动想象脑电信号识别[J]. 华中科技大学学报(自然科学版),2011,39(S2):103—106.

[9] Wei-Yen Hsu, Chou-Ching Lin, Ming-Shaung Ju, et al. Wavelet-based fractal features with active segment selection: application to single-trial EEG data[J]. Journal of Neuroscience Methods, 2007,163(1):145-60.

[10] Lemm, Curio G, Hlushchuk Y, et al. Enhancing the signal-to-noise ratio of ICA-based extracted ERPs[J]. IEEE transactions on bio-medical engineering, 2006, 53(4):601-607.

[11] Navarro I, Sepulveda F, Huba B. A comparison of Time, Frequency and ICA based features and five classifiers for wrist movement classification in EEG signals[C] // International Conference of the Engineering in Medicine & Biology Society. Conf Proc IEEE Eng Med Biol Soc, 2005:2118-2121.

[12] Shoker L, Sanei S, Sum A. Distinguishing between left and right finger movement from EEG using SVM[C] // Engineering in Medicine and Biology Society, 2005. Ieee-Embs 2005. International Conference of the. IEEE, 2007:5420-5423.

[13] Carballido J, Kostov A, Martenez J. Enhancement of EEG control signals in the development of Brain Computer Interface[J]. Proceedings of the First Joint MBES Conference, 1999

(1):445

[14] Sun S, Zhang C. An optimal kernel feature extractor and its application to EEG signal classification [J]. Neurocomputing, 2006, 69 (13):1743-1748.

[15] Roman-Gonzalez A. EEG signal processing for bci applications[M]// Human - Computer Systems Interaction: Backgrounds and Applications 2. Springer Berlin Heidelberg, 2012:571-591.

[16] Guan C, Thulasidas M, Wu J. High performance P300 speller for brain-computer interface [C]// IEEE International Workshop on Biomedical Circuits and Systems. IEEE, 2004: S3/5/INV-S3/13-16.

[17] Tanaka K, Matsunaga K, Wang H O. Electroencephalogram-based control of an electric wheelchair[J]. IEEE Transactions on Robotics, 2005, 21(4):762-766.

[18] Millán J R, Renkens F, Mouriño J, et al. Noninvasive brain-actuated control of a mobile robot by human EEG[J]. IEEE transactions on bio-medical engineering, 2004, 51(6):1026-1033.

[19] Choi K, Cichocki A. Control of a Wheelchair by Motor Imagery in Real Time[C]// International Conference on Intelligent Data Engineering and Automated Learning. Springer-Verlag, 2008:330-337.

[20] J. Li, J. Liang, Q. Zhao, et al. Design of assistive wheelchair system directly steered by human thoughts[J]. International Journal of Neural Systems, 2013, 23(3):873-1277.

[21] Diez P F, Torres Müller S M, Mut V A, et al. Commanding a robotic wheelchair with a high-frequency steady-state visual evoked potential based brain-computer interface [J]. Medical Engineering & Physics, 2013, 35(8):1155-1164.

[22] Long J, Li Y, Wang H, et al. A hybrid brain computer interface to control the direction and speed of a simulated or real wheelchair [J]. IEEE Transactions on Neural Systems and Rehabilitation Engineering, 2012, 20(5):720-729.

[23] Li Y, Pan J, Wang F, et al. A hybrid BCI system combining P300 and SSVEP and its application to wheelchair control[J]. IEEE transactions on bio-medical engineering, 2013, 60(11):3156-3166.

[24] Rebsamen B, Guan C, Zhang H, et al. A brain controlled wheelchair to navigate in familiar environments[J]. IEEE Transactions on Neural Systems and Rehabilitation Engineering, 2010, 18(6):590-598.

[25] Antelis J M, Minguez J. A noninvasive brain-actuated wheelchair based on a P300 neurophysiological protocol and automated navigation[J]. IEEE Transactions on Robotics, 2009, 25(3):614-627.

[26] Popovic M R, Curt A, Keller T, et al. Functional electrical stimulation for grasping and walking: indications and limitations[J]. Spinal Cord, 2001, 39(8):403-12.

[27] Daly J J, Wolpaw J R. Brain-computer interfaces in neurological rehabilitation[J]. Lancet Neurology, 2008, 7(11):1032-1043.

[28] Kai K A, Guan C, Geok Chua K S, et al. A clinical study of motor imagery-based brain-computer interface for upper limb robotic rehabilitation[C]// Engineering in Medicine and Biology Society, 2009. EMBC 2009 International Conference of the IEEE. IEEE, 2009:5981-5984.

[29] Shoker L, Sanei S, Sumich A. Distinguishing Between Left and Right Finger Movement from EEG using SVM[C]// Engineering in Medicine and Biology Society, 2005. Ieee-Embs 2005.

International Conference of the. IEEE，2007：5420-5423.

［30］Berger T W. Applications for Brain-Computer Interfaces［M］// Brain-Computer Interfaces. Springer London，2010：89-103.

［31］Guan C，Thulasidas M，Wu J. High performance P300 speller for brain-computer interface ［C］// IEEE International Workshop on Biomedical Circuits and Systems. IEEE，2004：S3/5/INV-S3/13-16.

［32］Pires G，Torres M，Casaleiro N，et al. Playing Tetris with non-invasive BCI［C］// IEEE，International Conference on Serious Games and Applications for Health. IEEE Computer Society，2011：1-6.

［33］Farwell L A，Donchin E. Talking off the top of your head：toward a mental prosthesis utilizing event-related brain potentials［J］. Electroencephalography & Clinical Neurophysiology，1988，70(6)：510-523.

［34］郑红丽，丁同春. 测谎技术的新进展［J］. 中国人民公安大学学报：自然科学版，2007，13(1)：44—49.

［35］Ambach W，Bursch S，Stark R，et al. A Concealed Information Test with multimodal measurement ［J］. International Journal of Psychophysiology，2010，75(3)：258-267.

［36］Labkovsky E，Rosenfeld J P. The P300-based，complex trial protocol for concealed information detection resists any number of sequential countermeasures against up to five irrelevant stimuli ［J］. Applied Psychophysiology & Biofeedback，2012，37(1)：1-10.

［37］Rosenfeld J P，Hu X，Pederson K. Deception awareness improves P300-based deception detection in concealed information tests［J］. International Journal of Psychophysiology，2012，86(1)：114-121.

［38］石立臣. 基于脑电信号的警觉度估计研究［D］. 上海：上海交通大学，2012.

［39］浦晓黎. P300 测谎的实验研究［D］. 金华：浙江师范大学，2006.

［40］Makeig S，Inlow M. Lapses in alertness：coherence of fluctuations in performance and EEG spectrum［J］. Electroencephalography & Clinical Neurophysiology，1993，86(1)：23-35.

［41］Lin C T，Wu R C，Liang S F，et al. EEG-based drowsiness estimation for safety driving using independent component analysis［J］. IEEE Transactions on Circuits and Systems I：Regular Papers，2005，52(12)：2726-2738.

［42］Lin C T，Ko L W，Chiou J C，et al. Noninvasive Neural Prostheses Using Mobile and Wireless EEG［J］. Proceedings of the IEEE，2008，96(7)：1167-1183.

思考题

1. 描述与下列 EEG 信号相关的频率范围和大脑现象。

a. α

b. β

c. γ

d. μ

e. θ

2.列举 BCI 技术在感觉和运动恢复中的多种应用。对于每种应用,阐述其是否可以应用在临床上;如果不可用,请解释原因。

3.BCI 在认知恢复上有哪些可能的应用?

4.比较脑控轮椅的不同实现方法,并分析它们在日常生活的使用中会遇到哪些问题?

5.描述如何能将诱发电位用于测谎或检测犯罪意识。并和传统的测谎仪做比较。

6.描述在驾驶或执行监视任务期间如何将 EEG 能量的变化用于警觉性检测,并分析这种技术在实际应用中会遇到哪些问题。

7.如何使用 BCI 来解决身份认证问题?

8.根据电极的数量、电极位置、花费、便携性和软件二次开发,比较当前已经商业化的干电极系统,如 Emotiv 和 Neurosky 公司生产的那些系统。然后讨论如何利用商业化的干电极脑电系统进行游戏设计与开发。注意:所提出的游戏交互方式要充分考虑可用的电极位置和任何可能由肌电信号引起的干扰。

图书在版编目(CIP)数据

人机交互概论：从理论到应用 / 程时伟编著. —杭州：
浙江大学出版社，2018.1(2020.6 重印)
　ISBN 978-7-308-17069-7

　Ⅰ.①人… Ⅱ.①程… Ⅲ.①人－机系统－教材
Ⅳ.①TB18

　中国版本图书馆 CIP 数据核字(2017)第 141095 号

人机交互概论——从理论到应用

程时伟　编著

责任编辑	吴昌雷
责任校对	陈静毅　候鉴峰
封面设计	北京春天
出版发行	浙江大学出版社
	（杭州市天目山路 148 号　邮政编码 310007）
	（网址：http://www.zjupress.com）
排　版	杭州隆盛图文制作有限公司
印　刷	绍兴市越生彩印有限公司
开　本	787mm×1092mm　1/16
印　张	9
字　数	200 千
版 印 次	2018 年 1 月第 1 版　2020 年 6 月第 2 次印刷
书　号	ISBN 978-7-308-17069-7
定　价	30.00 元